高等职业教育计算机技术专业贯通制教材

Visual Basic 6.0 程序设计教程

丛书主编　凌　云

主　　编　丁育萍

副主编　许春勤　凌　云

电子工业出版社·

Publishing House of Electronics Industry

北京·BEIJING

内 容 简 介

本书是一本通用的 Visual Basic 6.0 程序设计实用教材，采用模块化的编写方法，分为入门篇，进阶篇，提高篇，根据案例教学的指导思想，辅以大量实例，并且每章配有习题。本书内容由浅入深，讲解通俗易懂，重点突出，具有实用性、针对性和先进性，特别适合职业技术院校学生动手能力的培养。

本书内容包括 Visual Basic 6.0 开发程序的基本流程、程序设计基础、标准控件的使用、用户界面设计、Windows 程序仿制、数据库程序的开发、综合实训等。

本书可作为高等职业院校、中等职业学校计算机及相关专业的教材或参考用书，也可作为各种培训班的教材，供计算机爱好者自学和参考。

本书配有电子教学参考资料包（包括教学指南、电子教案和习题答案），以方便读者使用，详见前言。

图书在版编目（CIP）数据

Visual Basic 6.0 程序设计教程/丁育萍主编. —北京：电子工业出版社，2008.5
（高等职业教育计算机技术专业贯通制教材）

ISBN 978-7-121-04064-1

Ⅰ. V… Ⅱ. 丁… Ⅲ. BASIC 语言－程序设计－高等学校：技术学校－教材 Ⅳ. TP312

中国版本图书馆 CIP 数据核字（2008）第 028644 号

策划编辑：施玉新
责任编辑：施玉新 李光昊
特约编辑：刘 皎
印　　刷：北京市通州大中印刷厂
装　　订：三河市鹏成印业有限公司
出版发行：电子工业出版社
　　　　　北京市海淀区万寿路 173 信箱　邮编　100036
开　　本：787×1 092　1/16　印张：16.5　字数：422 千字
印　　次：2008 年 5 月第 1 次印刷
印　　数：3000 册　　定价：24.00 元

凡所购买的电子工业出版社图书有缺损问题，请向购买书店调换。若书店售缺，请与本社发行部联系，联系及邮购电话：（010）88254888。

质量投诉请发邮件至 zlts@phei.com.cn，盗版侵权举报请发邮件至 dbqq@phei.com.cn。

服务热线：（010）88258888。

前 言

本书根据目前职业学校学生的特点，以职业教育的性质、任务和培养目标为出发点，坚持就业导向、能力培养的原则，理论联系实际，采用知识点结合案例的方法进行讲解，以案例带动知识点的学习，将知识介绍与实际操作融为一体，突出教材的实用性、针对性和先进性。

《Visual Basic 6.0 程序设计教程》是一门操作性很强的课程。本书采用任务驱动的编写方式，按照作者在教学实践中摸索出的教学四部曲（案例模仿→理论概括→项目仿制→个性交流）进行教学设计。案例模仿中详细列出实例的操作步骤，学生只需按照书中的实例一步一步进行操作即可完成实例并掌握相应的知识点。理论概括部分提出了涉及本实例知识点的一些问题，学生可根据自己的操作经验来回答这些问题。项目仿制部分举出一个与本案例类似的例子，由学生自行完成制作，也可作为课堂教学练习部分。个性交流部分针对案例，可由学生交流提出不同的制作方法。整个教学过程让学生在练习中学习，从实践到理论，减少了初学者在学习上的困难。另外，每课还安排了拓展知识部分，对相应的知识点做了拓展，既可由学生自己阅读，也可由教师讲授。

本教材采用模块化的编写方法，分为入门篇，进阶篇和提高篇，全书共分为 8 章。入门篇是第 1～4 章，是整个 Visual Basic 6.0 程序设计的基础。通过实例介绍了 Visual Basic 6.0 的集成开发环境、可视化编程的开发流程、程序设计基础、可视化程序设计的方法、标准控件的使用和用户界面设计。通过这部分的学习，学生能基本掌握 Visual Basic 6.0 的语法，并动手编制简单的 Visual Basic 6.0 程序。进阶篇为第 5～7 章，介绍 Windows 程序仿制、Visual Basic 6.0 文件管理、数据库程序开发等相关内容。这部分通过大量的典型实例让学生能开发简单的 Windows 应用程序。提高篇是第 8 章，是 Visual Basic 6.0 程序设计的延伸，介绍一个 Visual Basic 6.0 程序设计的综合实例。这部分的内容是前面各章节知识的综合应用，使学生进一步提高 Visual Basic 6.0 语言程序设计能力，培养学生完成综合项目的能力。

本书具有以下特色：

（1）突出模块化教学，分为入门篇，进阶篇，提高篇。教师可以根据实际情况安排教学内容，自由取舍。

（2）采用案例教学方法，按照四部曲设计教学内容，突出能力培养。在例题选择上力求科学、全面、实用，强调基础，强化应用，让学生在练习中学习。

（3）每一章最后附有习题，这有助于学生加深对知识点的理解，有助于学生辨清容易忽略、混淆的疑点。

本书所有的例题均在 Visual Basic 6.0 中运行通过。

本书实例中所用到的一些人名、通信地址和电话号码均为虚构，若有雷同，纯属巧合。

本书由丁育萍担任主编，许春勤、凌云担任副主编。参加本书编写、程序测试的还有吴建、顾雯雯、张灵芝、曹国平、陈丽。本书在编写过程中还得到了李霁麟、张慧的大力支持，在此一并表示感谢。由于作者水平所限，书中疏漏和错误之处在所难免，欢迎广大读者提出宝贵意见。联系方式：wxdingyp@163.com

为了方便教师教学，本书还配有教学指南、电子教案及习题答案（电子版），请有此需要的教师登录华信教育资源网（http://www.huaxin.edu.cn 或 http://www.hxedu.com.cn）免费注册后再进行下载，有问题时请在网站留言板留言或与电子工业出版社联系（E-mail: hxedu@phei.com.cn）

编 者

2008 年 4 月

目 录

第二篇 进 阶 篇

第三篇 提 高 篇

第一篇 入 门 篇

第1章 初步认识
Visual Basic 6.0

本章学习要点

1. 掌握 Visual Basic 6.0 的安装、启动方法。

2. 熟悉 Visual Basic 6.0 集成开发环境，掌握菜单栏、工具栏、工具箱、属性窗口、代码窗口和工程资源管理器窗口的使用。

3. 了解 Visual Basic 6.0 应用程序的构成和管理。

4. 掌握 Visual Basic 6.0 应用程序开发的过程。

5. 了解 Visual Basic 6.0 帮助系统的安装和使用。

6. 了解 Visual Basic 6.0 面向对象、可视化和事件驱动的特点。

1.1 Visual Basic 6.0 的安装与启动

Visual Basic 6.0 是微软公司在 Basic 语言的基础上推出的一种可视化的程序设计语言，自 1991 年面世以来，已风靡全球。它功能强大、界面友好，深受广大编程爱好者的喜爱。

1.1.1 预备知识

1.1.1.1 Visual Basic 6.0 版本介绍

Visual Basic 6.0 共有三种版本：学习版、专业版和企业版。学习版主要是为初学者开发的，是 Visual Basic 6.0 的基础版本，可以让编程人员很容易地开发基于 Windows 的应用程序。专业版是为专业人员开发的，提供了 ActiveX 和 Internet 控件等开发工具，可以让编程人员开发基于客户端/服务器的应用程序。企业版是为专业编程人员开发的，是 Visual Basic 6.0 的最高版本，可以让编程人员开发更高级的、分布式的客户端/服务器或 Internet 上的应用程序。

1.1.1.2 安装 Visual Basic 6.0 的系统要求

现在常用的计算机系统一般都能满足 Visual Basic 6.0 的要求。其中有 3 个主要的系统要求，简述如下：

（1）486DX66、Pentium 或更高的微处理器。

（2）在 Windows 95/98 下至少需要 16MB 以上的内存，在 Windows NT 4.0 下需要 32MB 以上的内存。

（3）硬盘空间要求如下：

学习版：典型安装 48MB，完全安装 80MB。

专业版：典型安装 48MB，完全安装 80MB。

企业版：典型安装 128MB，完全安装 147MB。

MSDN：至少需要 67MB。

1.1.2 实训 1——Visual Basic 6.0 的安装和启动

任务 1：安装 Visual Basic 6.0

操作步骤

Visual Basic 6.0 的安装过程与其他 Microsoft 应用软件的安装过程类似，首先将 Visual Basic 6.0 安装光盘放入光驱，安装程序将会自动运行（如果没有自动运行，则可以在"我的电脑"或"资源管理器"中点击安装光盘上的 Setup 程序）。

（1）运行 Setup 程序后，显示"Visual Basic 6.0 中文企业版 安装向导"对话框，如图 1.1 所示。

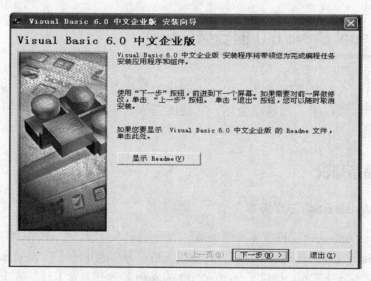

图 1.1

（2）单击"下一步"按钮，打开"最终用户许可协议"对话框，从中选择"接受协议"单选按钮。

（3）单击"下一步"按钮，显示如图 1.2 所示对话框，然后按照安装程序的要求输入产品的 ID 号和用户信息。

图 1.2

（4）单击"下一步"按钮，安装程序将会查找已安装的组件。

（5）系统完成上一步的操作后，就显示选择安装路径的对话框，如图 1.3 所示，在此选择或输入 Visual Basic 6.0 的安装路径。

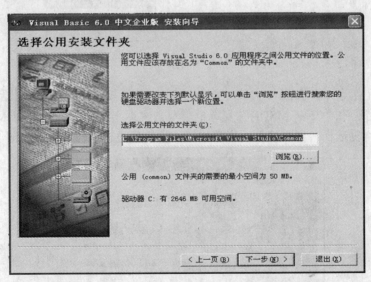

图 1.3

（6）单击"下一步"按钮，打开"选择安装类型"对话框，如图 1.4 所示。默认选择"典型安装"，如选择"自定义安装"，则需在对话框中选择所需组件。

（7）单击"继续"按钮，安装程序将文件复制到硬盘中，如图 1.5 所示，复制结束后，需重新启动计算机，即可完成 Visual Basic 6.0 安装。

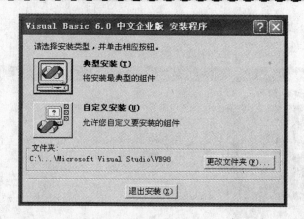

图 1.4

图 1.5

（8）重新启动计算机后，安装程序将自动打开"安装 MSDN"对话框，如不安装 MSDN，则不需选中"安装 MSDN"复选框，单击"退出"按钮；若安装 MSDN，则需选"安装 MSDN"复选框，单击"下一步"按钮，按提示进行操作即可，如图 1.6 所示。

图 1.6

至此，Visual Basic 6.0 安装结束，下面可以启动 Visual Basic 6.0 开始编写程序了。

任务 2：启动 Visual Basic 6.0

操作步骤

（1）单击 Windows 操作系统的"开始"菜单"程序"中的"Microsoft Visual Basic 6.0 中文版"下的"Microsoft Visual Basic 6.0 中文版"命令，如图 1.7 所示。

图 1.7

（2）启动 Visual Basic 6.0 后，出现"新建工程"对话框的"新建"选项卡，如图 1.8 所示。

图 1.8

（3）在该对话框中选择"标准.EXE"，创建一个标准的可执行文件，然后单击"打开"按钮，即调出 Visual Basic 6.0 的集成开发环境。

任务 3：退出 Visual Basic 6.0

操作步骤

在 Visual Basic 6.0 的集成开发环境中，单击"文件"菜单中的"退出"命令，即可退出 Visual Basic 6.0。

【理论概括】（见表 1.1 ）

表 1.1

思 考 点	你在实验后的理解
说出几种打开 Visual Basic 6.0 的方法	
说出几种退出 Visual Basic 6.0 的方法	
安装 Visual Basic 6.0 过程中有哪些注意事项	

1.1.3　拓展知识

1.1.3.1　MSDN 简介

微软公司开发的应用软件的一大特色就是处处为用户着想，在每个应用软件中都提供了详细的联机帮助文档，帮助功能随处可用。MSDN（Microsoft Developer Network Library）是 Visual Basic 6.0 帮助文件所必须用到的，它包含了 Visual Basic 6.0 的编程技术信息及其他资料。

　　安装好 MSDN 后，在 Visual Basic 6.0 集成开发环境中，单击"帮助"菜单中的"目录"、"索引"或"搜索"命令，都可启动 MSDN 窗口，如图 1.9 所示。

图 1.9

1.1.3.2　如何使用帮助

　　MSDN 窗口是一个分为三个窗格的帮助窗口。顶端的窗格包含工具栏，左侧的窗格包含各种定位方法，而右侧的窗格则显示主题内容。

　　定位窗格包含 "目录"、"索引"、"搜索"及 "书签"选项卡。单击目录、索引或书签列表中的主题，即可浏览 MSDN 中的各种信息。"搜索"选项卡可用于查找出现在任何主题中的所有单词或短语。

　　按 F1 键同样会显示有关命令的相应帮助信息。

　　案例：利用 MSDN 查找"Visual Basic 的集成开发环境"的帮助信息。

　　操作步骤

　　（1）单击"帮助"菜单中的"搜索"命令，启动 MSDN 窗口，如图 1.9 所示。

　　（2）单击定位方法区中的"搜索"选项卡，输入"开发环境"，然后单击"列出主题"命令按钮，结果如图 1.10 所示。

　　（3）在"选择主题"区中单击"集成开发环境的元素"，然后单击"显示"按钮，在"主题内容"区将显示相应内容，如图 1.11 所示。

图 1.10

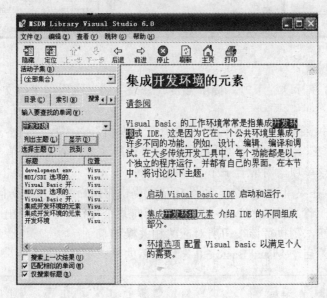

图 1.11

1.2   认识 Visual Basic 6.0

1.2.1   预备知识

1.2.1.1   Visual Basic 6.0 的集成开发环境

所有 Visual Basic 6.0 的应用程序都是在集成开发环境下开发的，如图 1.12 所示。它包括以下几个组成部分。

（1）标题栏：在窗口顶部。它用来显示当前的工程名和系统的工作状态。

与其他的 Windows 软件窗口的作用与风格一样，在标题栏图标的右侧显示了所打开的 Visual Basic 6.0 工程文件名称、"Microsoft Visual Basic"文字和系统的工作状态（有"设计"、"运行"和"中断"等状态）。

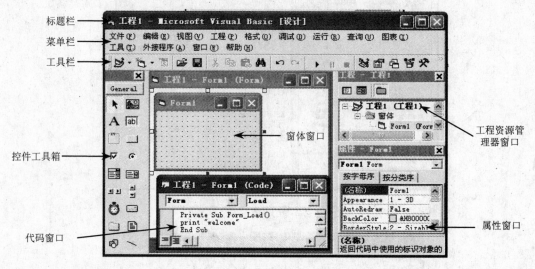

图 1.12

（2）菜单栏：在标题栏下方。提供开发、修改、调试应用程序和文件操作所需的菜单命令。

包括 13 个下拉菜单，即"文件"、"编辑"、"视图"、"工程"、"格式"、"调试"、"运行"、"查询"、"图表"、"工具"、"外接程序"、"窗口"和"帮助"。单击其中的一个菜单项，则下拉出一组菜单项，对应若干个菜单命令。

（3）工具栏：在菜单栏的下方。以图标形式提供常用命令的快速访问。

每个按钮对应一个常用命令，将鼠标指针指向某个按钮，就会弹出一个该按钮功能的简要说明。单击按钮，则执行该按钮所对应的相关操作。

按照默认规定，启动 Visual Basic 6.0 之后显示的是"标准"工具栏，如图 1.13 所示。

图 1.13

Visual Basic 6.0 还提供了其他工具栏，如"编辑"工具栏、"窗体编辑器"工具栏和"调试"工具栏等。单击"视图"→"工具栏"菜单命令，即可显示或隐藏相应的工具栏。

（4）控件工具箱：在窗口的左侧。提供一组工具，用于用户界面的设计。

这些工具以图标的形式排列在工具箱中，每一个图标都代表一种控件。

（5）窗体窗口：在窗口的正中，又称"窗体设计器"，用来设计应用程序的界面。

用户利用控件工具箱在窗体上画出各种图形，设计出所需的应用程序界面。

（6）工程资源管理器窗口：在屏幕右上方，又称"工程窗口"。它列出当前应用程序中所包含的文件清单。

（7）属性窗口：在工程窗口的右下方，用于为对象设置各种属性。如对象的形状、大小、背景等。"属性"窗口的属性列表有两种排列方式：按字母排列（默认设置）和按分类排列。

（8）代码窗口：又称为"代码编辑窗口"，位于窗口正下方。代码窗口用来编写或修改过程或事件过程的代码。它由标题栏、"对象"下拉列表框、"过程"下拉列表框、代码区、"过程查看"、"全模块查看"按钮组成。如图 1.14 所示。

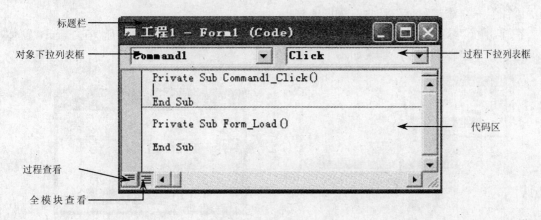

图 1.14

（9）其他窗口

Visual Basic 6.0 集成环境中还有其他窗口，如"立即窗口"、"窗体布局窗口"、"对象浏览器"等。这些窗口属于辅助窗口，可以在"视图"菜单中寻找相应项目。单击后，相应的窗口就能显示在屏幕上。

1.2.2　实训 2——Visual Basic 6.0 集成开发环境

将 Visual Basic 6.0 的集成开发环境调整为如图 1.15 所示，要求在原来默认的开发界面基础上再添加一个窗体 Form2、两个标准模块、两个类模块和一个工程，然后再把所有的工程、类模块和标准模块删除，只保留一个工程和一个 Form1 窗体，并以 first_2_1.frm 和 first_2_1.vbp 为文件名保存在硬盘上。

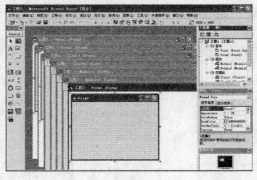

图 1.15

操作步骤

（1）启动 Visual Basic 6.0，新建一个标准.EXE 文件，调出中文 Visual Basic 6.0 的集成开发环境。

（2）确认已打开"工程资源管理器"窗口，如果没有，则单击"视图"菜单中的"工程资源管理器"命令，打开该窗口。

（3）添加新窗体 Form2。

选中"工程资源管理器"中的"工程"图标并单击鼠标右键，在弹出的快捷菜单中单击"添加"→"添加窗体"选项，如图 1.16 所示。

在弹出的"添加窗体"对话框中选择"窗体"，然后单击"打开"按钮，在 Form1 窗体上又增加一个窗体 Form2，结果如图 1.17 所示。

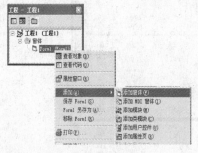

图 1.16

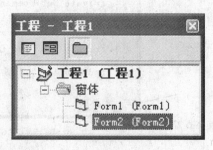

图 1.17

图 1.18

（4）添加标准模块。

单击"工程"菜单中的"添加模块"选项，如图 1.18 所示，在弹出的"添加模块"对话框中选择模块的类型，单击"打开"按钮，在工程 1 中就会添加一个标准模块 Module1，结果如图 1.19 所示。

选中"工程资源管理器"中的"工程"图标并单击鼠标右键，在弹出的快捷菜单中单击"添加"→"添加模块"选项，系统弹出"添加模块"对话框，选择模块的类型，单击"打开"按钮，在工程 1 中就会添加一个标准模块 Module2。

（5）用和（4）同样的方法，完成两个类模块的添加。

（6）添加工程。单击"文件"中的"添加工程"命令，系统弹出"添加工程"对话框，选择新的工程类型，单击"打开"按钮，结果如图 1.20 所示。

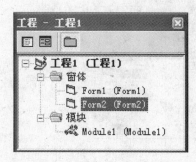

图 1.19

图 1.20

（7）删除窗体。在"工程资源管理器"里选中需要删除的窗体 Form2，并单击鼠标右键，在弹出的快捷菜单中单击"移除 Form2"命令。

（8）删除标准模块。选中"工程资源管理器"中需要删除的模块 Module1，然后单击"工程"菜单中的"移除 Module1"命令。

（9）用和（7）或（8）相同的方法删除其余的标准模块、类模块和工程 2。

（10）保存

单击"文件"菜单中的"保存工程"命令，弹出"文件另存为"对话框，如图 1.21 所示。选择相应目录，在"文件名"后的空白栏中输入 first_2_1，单击"保存"按钮，将窗体文件保存为 first_2_1.frm。然后又弹出"工程另存为"对话框，如图 1.22 所示。在"文件名"后的空白栏中输入 first_2_1，单击"保存"按钮，将工程文件保存为 first_2_1.vbp。

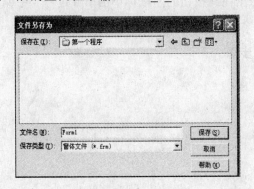
图 1.21

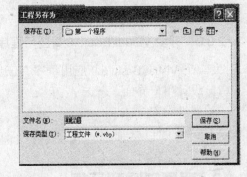
图 1.22

1.2.3　拓展知识

1.2.3.1　Visual Basic 6.0 的工程结构

"工程"通常是指一些规模较大、综合性的、系统化的联合作业。Visual Basic 6.0 中将开发的应用程序也称为工程，它是所有不同类型的文件组合。工程的管理在 Visual Basic 6.0 中是通过工程资源管理器来完成的。一个工程通常包括如下文件：

- 工程文件（*.vbp）：列出程序中所用到的所有文件，也记录了一些工程的详细信息，如工程名称等。
- 窗体文件（*.frm）：包含窗体及其控件的正文描述，以及它们的属性设置。
- 窗体的二进制数据文件（*.frx）：主要是描述窗体上控件的属性数据。这些文件是自动生成的，不能编辑。
- 类模块文件（*.cls）：可选的。与窗体文件相似，只是没有可见的用户图形界面。可以使用类模块创建含有方法和属性代码的自己的对象。
- 标准模块文件（*.bas）：可选的。它包含类型、常数、变量、外部过程和公共过程的公共的或模块级的声明。
- 一个或多个包含有 ActiveX 控件的文件（*.ocx）：可选的。
- 资源文件（*.res）：可选的。如果有，只能有一个。

1.2.3.2　Visual Basic 6.0 开发环境的基本特点

1．用可视化的编程工具设计用户界面

用传统的程序设计语言编写程序，程序的各种功能和显示的结果都要由程序语句来实现，简单的图形界面就必须编写一大段程序代码，而 Visual Basic 6.0 提供了一个工具箱，在工具箱内放了很多用来设计程序界面的控件，可以直接从工具箱中取出所需控件放在窗体中的指定位置来设计界面，不必再为此编写程序语句。

2．采用"事件驱动"编写程序代码

Visual Basic 6.0 中的程序代码是针对程序界面上每一个控件的，程序要求对控件进行怎样的操作，达到什么效果，就针对该控件的相应操作编写程序代码。比如在界面上有一个按钮，如果要求单击此按钮完成两个数相加，那么就在此按钮的"鼠标单击事件过程"中编写完成两个数相加的程序代码。

1.2.3.3　开发 Visual Basic 6.0 应用程序的步骤

开发一个 Visual Basic 6.0 应用程序有三步：
（1）设计用户界面。
（2）属性设置。
（3）编写事件过程代码。

1.3　程序创建和运行

1.3.1　预备知识

1.3.1.1　程序的运行

运行程序有以下几种方法：
（1）单击"运行"→"启动"菜单命令。
（2）单击标准工具栏内的"启动"（ ▶ ）按钮。
（3）按功能键 F5 键。

1.3.1.2　结束程序的运行

（1）单击标准工具栏内的"结束"（ ■ ）按钮，返回到程序编辑状态。
（2）单击运行窗体右上角的"关闭"（ ☒ ）按钮，返回到程序编辑状态。

1.3.1.3　生成.EXE 文件

一个独立运行的 Visual Basic 6.0 文件是指没有 Visual Basic 6.0 的环境，直接在 Windows 下运行的文件。前面所做的任务都是在解释方式下运行的。当一个应用程序开始运行后，Visual Basic 6.0 解释程序就开始对程序逐行解释、逐行执行。

如果要使程序不在 Visual Basic 6.0 环境中运行，就必须对应用程序进行编译，生成.exe 文件。具体操作方法如下：

单击"文件"→"生成工程 1.exe"的菜单命令，打开"生成工程"对话框，如图 1.23 所示，然后输入文件名，单击"确定"按钮，即生成了一个.exe 文件。

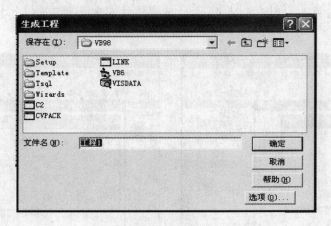

图 1.23

1.3.2　实训 3——欢迎界面程序的创建

【模仿任务】

设计一个欢迎界面程序。程序设计界面如图 1.24 所示。

图 1.24

要求：单击窗体，在窗体上显示"欢迎使用 Visual Basic 6.0！"一行文字。单击"退出"按钮，结束程序的运行，最后以 first_3_1.frm 和 first_3_1.vbp 为文件名保存在硬盘上。

1．任务分析

要用 Visual Basic 6.0 实现一个任务，必须解决两个问题：

（1）设计一个用户操作界面。用户输入或输出信息都在这个界面中进行。

（2）设计程序代码。使程序运行后能按规定的目标和步骤操作，达到任务要求。

在本任务中，用户界面要用工具箱中的工具在窗体上加一个命令按钮，要分别给窗体、命令按钮设计程序代码。

2．操作步骤

步骤 1：用户界面设计。

（1）启动 Visual Basic 6.0，进入 Visual Basic 6.0 集成开发环境界面，如图 1.25 所示。

（2）将光标移到屏幕左边"控件工具箱"中的"命令按钮"（☑）位置，并双击命令按钮"☑"，可以看到在标题为 Form1 的窗体的中心出现了一个按钮（我们把这个按钮叫做控件对象），如图 1.26 所示。按钮控件对象周围有 8 个小方块，表明是被选中状态。

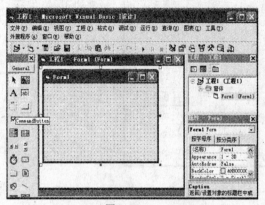

图 1.25

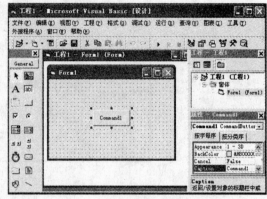

图 1.26

（3）用鼠标按住该控件对象并将其拖动到窗口右下角。按住按钮周围任意一个小方块可调整控件对象的大小，如图 1.27 所示。

步骤 2：属性设置。

（1）选中命令按钮控件，在屏幕右边的"属性"窗口中找到 Caption 属性并双击，输入"退出"，如图 1.28 所示。

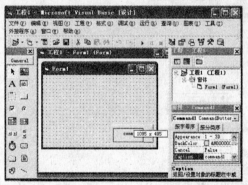

图 1.27

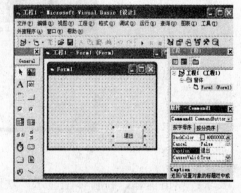

图 1.28

（2）按上述方法完成表 1.2 中对其他控件对象的属性设置。

表 1.2

对　象	属　性	设　置　值
窗体（Form1）	Caption	第一个应用程序
命令按钮 1 （Command1）	Caption	退出
	Font	字体楷体、大小 24 号

步骤 3：事件与事件过程设计，相关代码如下：

（1）双击窗体，Visual Basic 6.0 显示如图 1.29 所示的代码编辑窗口。

（2）单击"代码窗口"右上方的"过程下拉列表框"，选择"Click"，如图 1.30 所示。在代码窗口中立即自动出现相应的 Form_Click()过程的框架：

Private Sub Form_Click()

'私用（Private）过程（sub），表示该程序只能在本窗体文件中使用

End Sub　　'表示过程结束

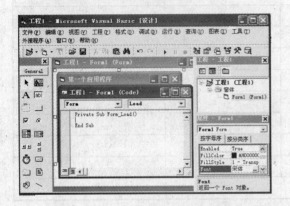

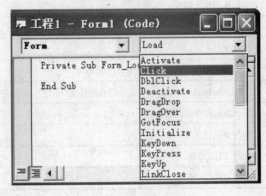

图 1.29　　　　　　　　　　　　　　　　图 1.30

（3）在 Form_Click 框架中输入如下程序代码（阴影部分）。

Private Sub Form_Click()　　'Form_Click()为过程名（由控件对象名和事件名构成）

```
    print   "欢迎使用 Visual Basic 6.0!"
    '在窗体上显示"欢迎使用 Visual Basic 6.0!"
```

End Sub

 注意：

① 引号要用英文字符。

② 在 Visual Basic 6.0 中经常使用单引号（'）做一行语句注释。注释通常用于重要代码提示、函数接口说明或程序的版本、版权声明等。在程序编译时将被忽略。

（4）用以上（2）、（3）步骤的方法，输入 Command1 对象的 Click 事件的代码。

Private Sub Command1_Click()

```
    End
```

End Sub　　'命令按钮的 Click 事件：当单击命令按钮时，结束程序的运行。

步骤 4：保存、启动程序。

（1）单击"文件"菜单中的"保存工程"命令，分别以 first_3_1.frm 和 first_3_1.vbp 为文件名保存在硬盘上。

（2）单击"运行"菜单下的"启动"命令，运行程序。

程序运行后，单击窗体，在窗体上显示出"欢迎使用 Visual Basic 6.0!"（如图 1.31 所示）。再按"退出"命令按钮，程序就结束。

图 1.31

【理论概括】（见表 1.3）

表 1.3

思 考 点	你在实验后的理解	实 际 含 义
如何创建一个标准的可执行文件		
如何在窗体上添加一个控件		
命令按钮的默认名称		
Sub 的含义		
将双引号中内容原样输出到窗体上的语句		
Sub Command1_Click()事件过程的功能描述		
实现结束程序运行的语句		
如何保存程序		
工程文件的扩展名		
窗体文件的扩展名		

【仿制任务】

编写一个程序，用户界面有两个命令按钮，当用户单击"显示"按钮时，在窗体上显示"欢迎使用 Visual Basic 6.0！"一行文字；单击"清除"按钮时，清除窗体上文字；单击窗体时，结束程序的运行。（Visual Basic 6.0 中清除窗体上字符的语句：cls），要求生成 first-2.exe 文件保存到硬盘上。

操作步骤

步骤 1：用户界面设计，如图 1.31 所示。

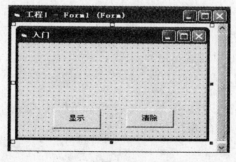

图 1.31

步骤 2：属性设置见表 1.4，请补充完整。

表 1.4

对 象	属 性	设 置 值
窗体（Form）	Caption	
命令按钮 1（Command1）	Name（名称）	excom1
	Caption	显示
命令按钮 2（Command2）	Name（名称）	excom2
	Caption	

步骤 3：事件与事件过程设计，请补充完整。

```
Private Sub Form_Click()，结束程序运行
    _____

End Sub


Private Sub excom1_Click()
    _____

End Sub


Private Sub "_____"
    Cls
End Sub
```

步骤 4：生成可执行文件。
具体操作参考第 1.3.1.3 节。

【个性交流】
简述开发 Visual Basic 6.0 应用程序的操作步骤。

1.3.3　拓展知识

1.3.3.1　创建安装程序

在编写完程序后，常常需要将程序打包，并创建相应的安装程序。使用 Visual Basic 6.0 提供的"打包和展开向导"，可以很容易地为应用程序创建安装程序。在创建过程中，它将不断显示有关的提示信息，引导用户输入某些信息，从而方便地创建所需要的安装程序。另外，在创建安装程序时，还可以使用 Visual Basic 6.0 提供的安装工具包，使创建的安装程序的功能更强大。具体操作步骤如下：

（1）启动"打包和展开向导"。

不打开 Visual Basic 6.0 的集成开发环境。单击"开始"→"程序"→"Microsoft Visual Basic 6.0 中文版"→"Microsoft Visual Basic 6.0 中文版工具"→"Package&Deployment 向导"菜单命令，调出"打包和展开向导"对话框。

（2）单击"浏览"按钮，调出"打开工程"对话框，选择要打包的工程文件。

（3）单击"打包和展开向导"对话框中的"打包"按钮，开始创建主安装程序。向导会创建一个名为 Setup.exe 的可执行文件，并调出"打包和展开向导－打包脚本"对话框。如果应用程序没有生成相应的可执行文件，则向导会指导用户生成应用程序的可执行文件；如果已经编译并生成了可执行文件，则跳过这一步。

（4）单击"下一步"按钮，调出"打包和展开向导－包类型"对话框，选择"标准安装包"选项。

（5）单击"下一步"按钮，调出"打包和展开向导－打包文件夹"对话框，单击"新建文件夹"按钮，输入文件夹的名称，单击"确定"按钮。

（6）单击"下一步"按钮，生成一个文件夹，存储所有生成的安装程序部件的任务。调出"打包和展开向导－包含文件"对话框，选择要打包的文件。

（7）单击"下一步"按钮，可以为安装包选择压缩文件、输入安装程序的标题、图标、设置启动菜单，安装位置等。待出现"已完成"对话框时，输入脚本名称，然后单击"完成"按钮。至此完成安装程序的创建工作，并保存创建安装程序的脚本。

1.3.3.2　可视化编程概述

1．面向对象的程序设计

面向对象的程序设计（Object Oriented Programming，OOP）是采用面向对象的方法来解决问题的一种程序设计方法。它不再将问题分解为过程，而是将问题分解为对象。20 世纪 70 年代以来人们研制出了各种不同的面向对象的程序设计语言。90 年代以来，面向对象程序设计在全世界迅速流行，并成为程序设计的主流技术。

在结构化的程序设计中，解决某一个问题的方法是将问题进行分解，然后用许多功能不同的函数来实现，数据与函数是分离的。面向对象的程序设计认为现实是由对象组成的，要解决某个问题，必须要首先确定这个问题是由哪些对象组成的。在面向对象的程序设计中，将问题抽象成许多类，将数据与对数据的操作封装在一起，对象是类的实例，程序是由对象和针对对象进行操作的语句组成的。

2．对象和类

（1）对象（Object）：是指现实世界中各种各样的实体。它可以指具体的事物，也可以指抽象的事物。例如，整数 1、2、3，人、苹果、自动车、规则、法律、表单等。每个对象皆有自己的内部状态和运动规律，如人具有名字、身高、体重等内部状态，具有吃饭、睡觉、上网、旅游等运动规律；自行车具有颜色、当前挡位、轮子等内部状态，具有刹车、加速、减速、改变挡位等运动规律。在面向对象概念中我们把对象的内部状态称为属性，运动规律称为方法或事件。

"对象"有它自己的属性、作用于对象的操作（即作用于对象的方法）和对象响应的事件。对象将自己的属性和方法封装成一个整体，供程序设计者使用。对象之间的相互作用通过消息传送来实现。

Visual Basic 6.0 应用程序的基本单元就是对象，用 Visual Basic 6.0 设计程序就是用对象组装程序。在 Visual Basic 6.0 程序设计中，整个应用程序就是一个对象，应用程序中还包含着窗体（Form）、命令按钮（CommandButton）、列表框（ListBox）、菜单、应用程序代码和数据库等对象。

（2）类（Class）：是具有相似内部状态和运动规律的实体的集合。类的概念来自于人们认识自然、认识社会的过程。在这一过程中，人们主要使用两种方法：由特殊到一般的归纳法和由一般到特殊的演绎法。在归纳的过程中，我们从一个个具体的事物中把共同的特征抽取出来，形成一个一般的概念，这就是"归类"；例如，昆虫、狮子、爬行动物，因为它们都能运动所以归类为动物。在演绎的过程中我们又把同类的事物，根据不同的特征分成不同的小类，这就是"分类"；如动物→猫科动物→猫→大花猫等。

对于一个具体的类，它有许多具体的个体，我们称这些个体为"对象"。类的内部状态是指类集合中对象的共同状态；类的运动规律是指类集合中对象的共同运动规律。在 Visual Basic 6.0 中，对象是由类创建的，对象是类的具体实例。例如，柏拉图对人作如下定义：人是没有毛、能直立行走的动物。在柏拉图的定义中"人"是一个类，具有"没有毛、直立行走"等一些区别于其他事物的共同特征；而张三、李四、王五等一个个具体的人，是"人"这个类的一个个"对象"。

对象都继承了类的属性，对象也可以有它自己的特有属性。例如，月饼对象的类可以认为是月饼模子，用月饼模子扣出的月饼都继承了模子的属性，如果模子的形状是圆形，那么扣出来的月饼就是圆形。每个扣出来的月饼也可以有它自己的特有属性，例如某个月饼的馅是豆沙的。将一个类生成一个对象的过程称为实例化，扣出月饼的过程实际上是一个实例过程。

3．事件和事件在程序中的表示格式

（1）事件（Event）：是指由用户或操作系统引发的动作。对于对象而言，事件就是发生在该对象上的动作。例如，有一个按钮对象，单击按钮就是发生在这个对象上的一个事件。

某个事件发生后，应进行处理，而处理事件的步骤就是事件过程。事件是触发事件过程（也称动作）的信号，事件过程（动作）是事件的结果。事件过程是针对事件的，事件过程中的处理步骤由一系列语句组成的程序代码组成，程序设计者的主要工作，就是为对象编写事件过程中的程序代码。

在 Visual Basic 6.0 中事件又可分为鼠标事件和键盘事件。例如，命令按钮（CommandButton）可以响应鼠标单击（Click）、鼠标移动（MouseMove）、鼠标抬起（MouseUp）等鼠标事件，又可以响应键盘按下（KeyDown）等键盘事件。

（2）事件在程序中的表示格式，如下：

```
Private Sub　窗体或控件名_事件名称（[形参表]）
    [程序段]
End Sub
```

4．对象的属性和方法

（1）对象的属性（Property）：是指描述对象的名称、位置、大小等特性。例如，汽车就有颜色、品牌、型号、生产年份等属性。Visual Basic 6.0 中的命令按钮具有名称、Caption（标题）、Width（宽度）、文字颜色等属性。

（2）对象的方法（Method）：是改变对象属性的操作。例如，在月饼上写一个文字、更换月饼内的馅、改变汽车的颜色等。在 Visual Basic 6.0 中，方法就是针对对象进行操作的程序和改变对象属性值的程序。

 习题 1

一、选择题

1. 为了保存一个 Visual Basic 6.0 应用程序，应当（　　）。

　A. 只保存窗体文件（*.frm）

　B. 只保存工程文件（*.vbp）

　C. 分别保存工程文件和标准模块文件（*.bas）

　D. 分别保存工程文件、窗体文件和标准模块文件

2. 双击窗体的任何地方，可以打开的窗口是（　　）。

　A. 代码窗口　　　　　B. 属性窗口　　　　　C. 工程管理窗口　　　　D. 以上都不对

   3. 工具栏中"启动"按钮的作用是（   ）。

     A. 运行一个应用程序   B. 运行一个窗体

     C. 打开工程资源管理器   D. 打开被选中对象的代码窗口

4. Visual Basic 6.0 集成开发环境中不包括（   ）。

     A. 标题栏   B. 菜单栏   C. 状态栏   D. 工具栏

5. Visual Basic 6.0 窗体设计器的主要功能是（   ）。

     A. 建立用户界面   B. 编写源程序代码   C. 画图   D. 显示文字

二、填空题

1. Visual Basic 6.0 分为 3 个版本，分别是_____、_____、_____。

2. 工程文件的扩展名是_____，窗体文件的扩展名是_____。

3. 在用 Visual Basic 6.0 开发应用程序时，一般需要_____、_____和_____三个步骤。

三、问答题

1. 如何在窗体中添加或删除工具箱中的控件？如何设置控件对象的属性？

2. Visual Basic 6.0 的视图菜单中有哪些窗口，各自的作用是什么？

3. 如何打开工程资源管理器？如何打开"代码"窗口？

4. 在 Visual Basic 6.0 中如何加注释？其作用如何？

5. 叙述 MSDN 的安装方法、作用及使用方法。

四、操作题

启动 Visual Basic 6.0，创建一个"标准.EXE"类型的应用程序，要求：单击窗体，在窗体上显示你的姓名、年龄、所在学校校名。单击"退出"按钮，结束程序的运行。

第2章 Visual Basic 6.0 编程基础

本章学习要点

1. 掌握常量、变量的定义规则，熟悉 Visual Basic 6.0 的数据类型。
2. 了解 Visual Basic 6.0 中的常用标准函数。
3. 熟练掌握分支结构语句 If-Then 的使用。
4. 熟练掌握循环结构语句 For-Next 和 Do-loop 的使用。
5. 能运用所学语句完成简单的顺序、分支、循环结构程序设计。

2.1 认识常量和变量

2.1.1 预备知识

数据是程序处理的对象。在 Visual Basic 6.0 中有各种不同的数据和丰富的数据类型。

2.1.1.1 变量和常量

1. 常量

在程序中取值始终保持不变的数据称为"常量"。常量包括以下几种类型：

（1）数值常量（由正负号、数字和小数点组成）：如-23.56

（2）字符常量（用" "括起来的）：如"李敏"、"abc"

（3）逻辑常量（只有两个）：True（真）、False（假）

（4）日期常量（用2个"#"括起来的）：如#9/24/2005#、#2005-9-24#

2. 变量

以符号形式出现在程序中，且取值可以发生变化的数据称为"变量"。变量主要用于保存程序运行中的临时数据。

每个变量都有一个变量名，代表数据的一个名称。变量命名遵循的原则是：以字母开始，由字母、数字或下划线构成，其长度不能超过 255 个字符，并且不能与受限制的关键字同名，不能包括句号、空格或类型声明符$,%,@,#,&,!。

2.1.1.2 数据的类型

在 Visual Basic 6.0 中，为了提高程序代码的运行效率，提供了多种数据类型，如表 2.1 所示。

表 2.1

数 据 类 型	意 义	计算机存储大小
Integer	整型	2 字节
Long	长整型	4 字节
String	字符型（定长）	串长度
String	字符型（变长）	串长度+10 字节
Single	单精度浮点型	4 字节
Double	双精度浮点型	8 字节
Currency	货币型	8 字节
Byte	字节型	1 字节
Boolean	逻辑型	True 或 false
Date	日期型	8 字节
Object	对象型	任何对引用
Variant	变体型	>=16

2.1.2 实训 1——圆周长和面积

【模仿任务】

建立一个窗体如图 2.1 所示，在文本框中输入一个圆的半径，单击"面积"按钮时，文本框显示圆的面积，单击"周长"按钮时，文本框显示圆的周长。

图 2.1

1．任务分析

输入半径的值，根据点击按钮的不同分别输出各自的结果。所以两个按钮由不同的代码对半径进行操作。

2．操作步骤

步骤 1：用户界面设计，在控件箱中选择一个文本框abl、一个标签框**A**和两个命令按钮，并分别在窗体上添加，如图 2.1 所示。

步骤 2：属性设置，在窗体及所选控件的属性列表框中修改对应属性，如表 2.2 所示。

表 2.2

对　　象	属　　性	设　置　值
窗体（Form）	Name（名称）	Form1
	Caption	Form1
文本框（Text）	Name（名称）	Text1
	Text	
标签（Label）	Name（名称）	Label1
	Caption	半径
命令按钮 1 （Command1）	Name（名称）	Command1
	Caption	面积
命令按钮 2 （Command2）	Name（名称）	Command2
	Caption	周长

步骤 3：事件与事件过程设计，相关代码如下：

```
Const   PI = 3.14159                      '定义 PI 为常量 3.14159
Private Sub Command1_Click()              ' "面积"按钮单击的事件
    Dim  s  As  Single                    '定义 s 为 Single 型变量
    s = PI * Text1.Text * Text1.Text      '根据用户输入的半径求圆面积
    Text1.Text = s                        '在文本框中显示结果
    Label1.Caption = "面积"
    Text1.Refresh                         '文本框显示刷新
End Sub


Private Sub Command2_Click()              '单击"周长"按钮事件
    Dim  c  As Double
    c = PI * Text1.Text * 2
    Text1.Text = c
    Label1.Caption = "周长"
    Text1.Refresh
End Sub
```

【理论概括】（见表 2.3）

表 2.3

思　考　点	你在实验后的理解	实　际　含　义
此程序中的常量类型		
此程序中的变量有哪些		
声明变量的方法		
常量与变量的区别		

【仿制任务】

建立一个计算圆柱体体积的窗体，如图 2.2 所示。在文本框中输入圆柱体半径和高以

图 2.2

后，单击"体积"按钮，文本框 1 显示体积。

1．任务分析

该题中要对"体积"按钮编写代码，在该段代码中用输入的半径和高进行计算。

2．操作步骤

步骤 1：用户界面的设计，如图 2.2 所示 。

步骤 2：属性设置，补充完成表 2.4。

表 2.4

对　　象	属　　性	设 置 值
窗体（Form）	Name（名称）	Form1
	Caption	
文本框 1（Text1）	Name（名称）	Text1
	Text	
文本框 2（Text2）	Name（名称）	
	Text	
标签 1（Label1）	Name（名称）	Label1
	Caption	半径
标签 2（Label2）	Name（名称）	
	Caption	
命令按钮 1（Command1）	Name（名称）	Command1
	Caption	

步骤 3：事件与事件过程设计，请自行完成相关代码设计。

【个性交流】

（1）请为下面的对象定义相应的变量，并说明理由。

① 珠穆朗玛峰的高度（单位：米）；

② 你所在班的学生人数；

③ 计算机考试等级，初始等级为 1 级；

④ 一次考试的语、数、外 3 科成绩。

（2）你认为常量与变量应该如何来定义？

2.2　运算符和表达式

2.2.1　预备知识

2.2.1.1　运算符和表达式

Visual Basic 6.0 的运算符有算术运算符、关系运算符、连接运算符和逻辑运算符。

1．算术运算符：是指进行数值计算的运算符，包括^、*、/、\、mod、+、-。

^：求一个数的幂运算。

/：进行两个数的除法运算，返回一个浮点数商。

\：进行两个数的除法运算，返回一个整数商。

Mod：对两个数做除法运算，返回余数。

2．**关系运算符**：进行比较的运算符，包括<,<=,>,>=,=,<>,Is 和 Like；运算结果是 True 或 False。

Is 用来比较两个对象的引用变量。

Like 用来比较两个字符串的模式匹配，判断一个字符串是否属于某一模式，在 Like 表达式中可以使用通配符。

3．**连接运算符**：用来合并字符串的运算符（&和+）。

4．**逻辑运算符**：结果是逻辑值，常用的运算符有 And、Not、Or。

And：左右两个表达式的值都为真时，结果为真；否则为假。

Not：右侧的表达式的值是真时，结果为假；否则为真。

Or：左右两个表达式的值只要一个为真，结果为真；否则为假。

5．**表达式**

Visual Basic 6.0 表达式是用运算符和数据连接而成的表达式。当表达式中有不止一种运算符时，系统会按预先确定的顺序进行计算，这个顺序称为运算的优先顺序（从高到低），如下：

算术运算符→字符串连接运算符（&）→关系运算符→逻辑运算符。

2.2.1.2　赋值语句

赋值语句格式：

> <变量名> = <表达式>

赋值语句的作用是将表达式的值存入到变量中。当系统执行一个赋值语句时，将先求出赋值操作符右边表达式的值，然后将该值保存到赋值操作符左边的变量中。

使用赋值语句还可以获得一个对象返回的当前属性值。在应用程序中，常常需要知道一个对象当前的属性值。以决定下一步要做些什么处理。使用下面的方法可以获取一个对象的属性值：

Var = object.property

赋值语句在形式上与数学中的等式相似，但本质上却完全不同，符号"="在这里不是"等号"，而是赋值符。

2.2.1.3　语句与语句书写规则

Visual Basic 6.0 中语句的一般形式如下：

> <语句定义符>[语句体]

语句定义符用于规定语句的功能；语句体则用于提供语句所要说明的具体内容或者要执行的具体操作。但 Visual Basic 6.0 中也有一些语句的语句定义符可以省略。

Visual Basic 6.0 程序是按行书写，一个语句写在同一行上。长语句可通过续行符"_"（空格后加下划线）分行，而分别写在多行上。另外，一行中也可以输入多条语句，需用":"分隔。但如果含有注释语句，则注释语句必须在复合语句最后一行。

输入语句时不区分大小写。语句行最大长度不能超过 1023 个字符，且一行的实际文本之前最多只能有 256 个前导空格。

2.2.2　实训 2——表达式运算

任务 1：建立一个窗体，当单击窗体时执行一些表达式，并在窗体上显示结果，请记录运行的结果。

操作步骤

（1）启动 Visual Basic 6.0，新建一个标准.EXE 文件，调出中文 Visual Basic 6.0 的集成开发环境。

（2）事件过程设计，代码如下，请记录运行结果：

```
Private Sub Form_Click()                    运行结果：
    Print 5347
    Print 9 * 2 - 6 ^ 3
    Print "B" & 5
    Print 3 + "12"
    Print "C" + "12"
    Print True Or False
    Print Not 2
    Print 10 And -1
    Print 10 Or -1
    Print 30 Mod 9
    Print 30 \ 9
    Print #7:15:00 AM# > #1:00:00 AM#
    Print #8/16/2007# - 26
    Print #10/12/2007# > #10/15/2007#
    Print 356 <= 123
    Print result; 4657 <> 2843
    Print "string1" = "string2"
    Print "string1" = "String2"
    Print "string1" <> "string2"
End Sub
```

任务 2：建立一个实现四则运算的窗体，如图 2.3 所示。在文本框中输入两个参数以后，单击一个命令按钮，文本框 3 显示计算结果。

图 2.3

1．任务分析

本题中，每个按钮对应一种运算方法，当按下一个按钮时，程序应读取两个参数的值，进行相应计算并显示计算结果。

2．操作步骤

步骤 1：用户界面设计，如图 2.3 所示。

步骤 2：属性设置，补充完成表 2.5。

表 2.5

对　象	属　性	设　置　值
窗体（Form）	Name（名称）	Form1
	Caption	Form1
文本框 1（Text1）	Name（名称）	Text1
	Text	
文本框 2（Text2）	Name（名称）	Text2
	Text	
文本框 3（Text3）	Name（名称）	Text3
	Text	
命令按钮 1（Command1）	Name（名称）	Command1
	Caption	加
命令按钮 2（Command2）	Name（名称）	Command2
	Caption	减
命令按钮 3（Command3）	Name（名称）	Command3
	Caption	乘
命令按钮 4（Command4）	Name（名称）	Command4
	Caption	除
标签 1（Label1）	Name（名称）	Label1
	Caption	参数 1
标签 2（Label2）	Name（名称）	Label2
	Caption	参数 2

步骤 3：事件与事件过程设计，根据给出的程序补充完整。

```
Dim    s as Single
Private Sub Command1_Click()
    s =_____        '完成加法运算
        Text3.Text = s
End Sub


Private Sub Command2_Click()        '完成减法运算
    s =_____
        Text3.Text = s
End Sub
```

```
    Private Sub Command3_Click()          '完成乘法运算
        s = _____
          Text3.Text = s
    End Sub


    Private Sub Command4_Click()          '完成除法运算
        s=_____
          Text3.Text = s
    End Sub
```

【个性交流】

还能给此题添加什么其他功能？

2.3　顺序结构

2.3.1　预备知识

2.3.1.1　变量的作用域

变量的有效作用范围称为变量的作用域。一般依据代码的范围将变量的作用域分为过程级变量、模块级变量和全局变量。

（1）过程级变量：在某个过程中定义的变量。其特点是只在其定义变量的过程中有效，当执行完过程代码时，变量立即从内存中释放掉。

（2）模块级变量：在模块的通用对象声明区中声明的变量。其特点是在所定义的模块的各个过程中有效，当结束模块的运行后被释放。由 Dim 和 Private 在模块的窗体声明部分进行声明。

（3）全局变量：在整个工程的任何模块中都有效的变量。只能在标准模块文件（.bas）的声明部分由 Public 或 Global 语句进行声明，一般在较大的工程项目中采用。

2.3.2　实训 3——顺序结构

【模仿任务】

设计一个 Visual Basic 6.0 程序如图 2.4 所示，单击"过程 1"按钮输出 1、2、3，单击"过程 2"按钮输出 2、4、5。

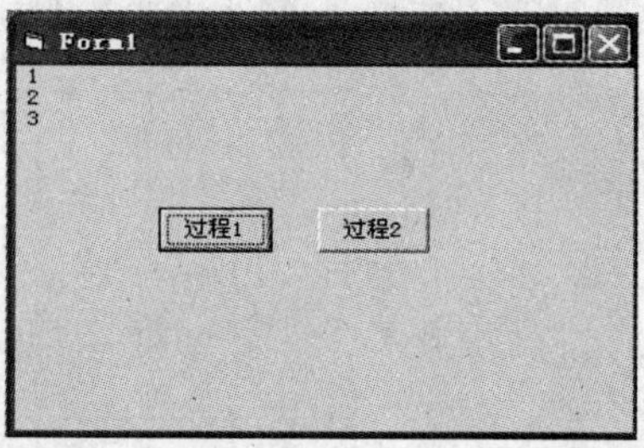

1．任务分析

本题中，每个按钮的代码都可用顺序结构的方式依次输出 3 个数据。

2．操作步骤

图 2.4

步骤 1：用户界面设计，在控件箱中选择两个命令按钮▭，分别添加在窗体上，如图 2.4 所示。

步骤 2：属性设置如表 2.6 所示。

表 2.6

对　象	属　性	设　置　值
窗体（Form）	Name（名称）	Form1
	Caption	Form1
命令按钮 1（Command1）	Name（名称）	Command1
	Caption	过程 1
命令按钮 2（Command2）	Name（名称）	Command2
	Caption	过程 2

步骤 3：事件与事件过程设计，相关代码如下：

```
Private s As Integer                    '定义 s 为模块级变量
Private Sub Command1_Click()
    Dim a As integer, b As integer      '定义 a、b 为过程变量
    s = 1
    Print s                             '将 s 的值输出到屏幕上
    a = 2
    Print a
    b = 3
    Print b
End Sub


Private Sub Command2_Click()
    Dim c As integer,d As integer       '定义 c、d 为过程变量
    s = 2
    Print s
    a = 4
    Print a
    b = 5
    Print b
End Sub
```

【理论概括】（见表 2.7）

表 2.7

思　考　点	你在实验后的理解	实　际　含　义
顺序结构的特点		
模块级变量相对于过程级变量有什么特点		

【仿制任务】

建立一个 Visual Basic 6.0 程序如图 2.5 所示。在"局部变量"文本框中输出"你好"，在"模块变量"文本框中输出"hello"。

图 2.5

1．任务分析

本题中，当程序启动时即可采用顺序结构分别显示两个字符串。

2．操作步骤

步骤 1：用户界面的设计，如图 2.5 所示。

步骤 2：属性设置，补充完成表 2.8。

表 2.8

对　象	属　性	设　置　值
窗体（Form）	Name（名称）	Form1
	Caption	
文本框 1（Text1）	Name（名称）	Text1
	Text	
文本框 2（Text2）	Name（名称）	Text2
	Caption	
标签 1（Label1）	Name（名称）	Label1
	Caption	
标签 2（Label2）	Name（名称）	Label2
	Caption	

步骤 3：事件与事件过程设计，请自行完成相关代码设计。

【个性交流】

在 Visual Basic 6.0 中划分变量的作用域有什么作用？对这个仿制任务，你能想出几种设计？

2.3.3　拓展知识

2.3.3.1　常用内部函数一

Visual Basic 6.0 提供了上百种内部函数（库函数），要求了解这些常用函数的功能及其使用。

调用方法：

```
函数名（参数列表）          '有参函数
函数名                      '无参函数
```

说明：

（1）使用库函数要注意参数的个数及数据类型。

（2）要注意函数的定义域（自变量或参数的取值范围）。

（3）要注意函数的值域。

● 常用的数学函数如表 2.9 所示。

表 2.9

函 数 名	功 能
Abs(N)	求 N 的绝对值
cos(N)	求 N 的余弦值，N 的单位是弧度
sin(N)	求 N 的正弦值，N 的单位是弧度
Exp(N)	求以 e 为底的幂值
Log(N)	求自然对数
Sqr(N)	求平方根值
Sgn(N)	求 N 的符号，当 N>0 返回 1；N<0 返回-1；N=0，返回 0

● 常用的日期时间函数如表 2.10 所示。

表 2.10

函 数 名	功 能
Time( )	返回系统当前时间
Date( )	返回系统当前日期
Now ( )	返回系统当前时间和日期
Year(N)	返回一个表示 N 的年号的整数
Month(N)	返回一个表示 N 的月份的整数
Day(N)	返回一个表示 N 的日期的整数

2.4　选择结构

2.4.1　预备知识

2.4.1.1　If 语句

1．单分支语句语法结构

```
If <条件> Then
  <语句组>
End If
```

该结构当条件成立时，执行语句组，当条件不成立时，不做任何操作，直接跳到 End If 后面的语句。如果语句组只有一个语句，该语句还可以简化为：

```
If <条件> Then  <语句>
```

2．双分支语句语法结构

```
If  <条件> Then
  <语句组 1>
Else
  <语句组 2>
End If
```

程序进入选择结构后首先计算条件值，若条件值为真，执行<语句组 1>，然后跳过<语

句组 2>，直接到 End If 后面的语句；若条件值为假，则跳过<语句组 1>，直接执行<语句组 2>，然后到 End If 后面的语句。

3．多分支语句语法结构

```
If <条件 1> Then
    <语句组 1>
Else    If <条件 2> Then
    <语句组 2>
Else
    <语句组 3>
End If
```

该结构首先计算<条件 1>的值，当其值为真时，执行<语句组 1>，然后跳到 End If 后面的语句并脱离选择结构；否则，跳过<语句组 1>，计算<条件 2>的值，当该值为真时，执行<语句组 2>，然后跳到 End If 后面的语句并脱离选择结构，否则，执行<语句组 3>，当该值为真时，跳到 End If 后面的语句，然后脱离选择结构，以此类推。

2.4.1.2　Select Case-End Select 语句

在多分支结构中，如果依据同一表达式的不同值进行选择时，可采用另一种多分支选择结构 Select Case-End Select 结构，在分支较多的情况下，使用该结构可使逻辑关系更清晰，简化语句。

语法结构：

```
Select Case <表达式>
    Case <表达式值列表 1>
        <语句块 1>
    Case <表达式值列表 2>
        <语句块 2>
        …
    Case Else
        <语句块 n>
End Select
```

程序首先计算<表达式>的值，然后依次检索<表达式值列表 1>至<表达式值列表 n>，找出与表达式值相匹配的表达式值列表，再执行该 Case 语句下的语句块。如果没有一个表达式值列表满足要求，就执行 Case Else 下的语句。然后执行 End Select 后面的语句。

2.4.2　实训 4——选择结构

【模仿任务】

任务 1：已知三角形三条边的长度，设计求此三角形面积的程序。

1．任务分析

本题中，按下"计算"按钮后，首先应根据输入的 3 个数据判断是否符合三角形的条件，如符合则计算并显示结果，否则显示"数据错误"，所以在代码中必须加入一个分支结构语句。

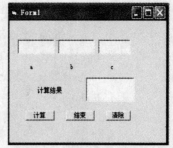

图 2.6

2. 操作步骤

步骤 1：用户界面设计，在控件箱中选择四个文本框 [abl]、四个标签框 **A** 和三个命令按钮 ⬜，并分别添加在窗体上，如图 2.6 所示。

步骤 2：属性设置如表 2.11 所示。

表 2.11

对　象	属　性	设　置　值
窗体（Form）	Name（名称）	Form1
	Caption	Form1
文本框 1（Text1）	Name（名称）	Text1
	Text	
文本框 2（Text2）	Name（名称）	Text2
	Text	
文本框 3（Text3）	Name（名称）	Text3
	Text	
文本框 4（Text4）	Name（名称）	Text4
	Text	
命令按钮 1（Command1）	Name（名称）	Command1
	Caption	计算
命令按钮 2（Command2）	Name（名称）	Command2
	Caption	结束
命令按钮 3（Command3）	Name（名称）	Command3
	Caption	清除
标签 1（Label1）	Name（名称）	Label1
	Caption	A
标签 2（Label2）	Name（名称）	Label2
	Caption	B
标签 3（Label3）	Name（名称）	Label3
	Caption	C
标签 4（Label4）	Name（名称）	Label4
	Caption	计算结果

步骤 3：事件与事件过程设计，相关代码如下：

```
Private Sub Command1_Click()
    Dim a As Single, b As Single, c As Single, p As Single, s As Single
    a = Val(Text1.Text)                    '将字符串表示的数值转换为数字
    b = Val(Text2.Text)
    c = Val(Text3.Text)
    If a+b>c And a+c>b And b+c>a Then
        p=(a+b+c)/2
```

```
        s=Sqr(p*(p-a)*(p-b)*(p-c))              '调用 Sqr 函数求平方根
        Text4.Text = CStr(s)                    '将数字转换为字符串表示的数值
      Else
        Text4.Text ="数据错误"
      End If
    End Sub

    Private Sub Command2_Click()
      End
    End Sub

    Private Sub Command3_Click()
      Text1.Text = ""
      Text2.Text = ""
      Text3.Text = ""
      Text4.Text = ""
      Text1.SetFocus                            '使文本框 1 成为焦点
    End Sub
```

任务 2：求一元二次方程 $ax^2+bx+c=0$ 的解。

1．任务分析

本题有如下情况：

（1）如果 $a=0$，则不是二次方程，此时如果 $b=0$，则提示重新输入系数；如果 $b≠0$，则：$x=-c/b$。

（2）如果 $a ≠ 0$，且 $b^2-4ac=0$，则有两个相等的实根。

（3）如果 $a ≠ 0$，且 $b^2-4ac>0$，则有两个不等的实根。

（4）如果 $a ≠ 0$，且 $b^2-4ac<0$，则有两个共轭复根。

对情况（1），可使用 If-Else 语句完成。情况（2）、（3）、（4），是对同一表达式的值进行判断，可使用 Select Case-End Select 语句完成。

图 2.7

2．操作步骤

步骤 1：用户界面设计，在控件箱中选择文本框 、标签框 **A** 和命令按钮 ，并分别添加在窗体上，如图 2.7 所示。

步骤 2：属性设置，补充完成表 2.12。

表 2.12

对　象	属　性	设　置　值
窗体（Form）	Name（名称）	Form1
	Caption	Form1
文本框 1（Text1）	Name（名称）	Text1
	Text	

续表

对　象	属　性	设　置　值
文本框 2（Text2）	Name（名称）	Text2
	Text	
文本框 3（Text3）	Name（名称）	Text3
	Text	
命令按钮 1（Command1）	Name（名称）	Command1
	Caption	计算
标签 1（Label1）	Name（名称）	Label1
	Caption	X2+
标签 2（Label2）	Name（名称）	Label2
	Caption	X+
标签 3（Label3）	Name（名称）	Label3
	Caption	=0
标签 4（Label4）	Name（名称）	Label4
	Caption	
标签 5（Label5）	Name（名称）	Label5
	Caption	

步骤 3：事件与事件过程设计，相关代码如下：

```
Private Sub Command1_Click()
Dim A as single, B as single, C as single
Dim X1 as single, X2 as single
Dim A1 as double,A2 as double
Dim Delta as double
    A = Val(Text1.Text)
    B = Val(Text2.Text)
    C = Val(Text3.Text)
    If   A = 0 Then
      If   B = 0 Then           '如果系数 A 和 B 为零，则给出提示并选中 Text1 中的文本
        MsgBox "系数为零，请重新输入"
        Text1.SetFocus
      Else                      '如果系数 A 为零，B 不为零，求出一个解 X = -C / B
        X1 = -C / B
        Label4.caption= "X=" & Format(X1, "0.000")
      End If
    else                        '如果系数 A 不为零，根据 B^2-4*A*C 的不同求解
    Delta = B ^ 2 - 4 * A * C
    Select Case Delta
      Case 0
        Label4.caption= "X1=X2="& Format(-B / (2 * A), "0.000")
      Case Is > 0
```

```
        X1 = (-B + Sqr(Delta)) / (2 * A)
        X2 = (-B - Sqr(Delta)) / (2 * A)
        Label4.caption="X1="& Format(X1, "0.000")
        Label5.caption="X2="& Format(X2, "0.000")
      Case Is < 0
        A1 = -B / (2 * A)
        A2 = Sqr(Abs(Delta)) / (2 * A)
        Label4.caption="X1="& Format(A1, "0.000") & "+" & Format(A2, "0.000") & "i"
        Label5.caption="X1="& Format(A1, "0.000") & "-" & Format(A2, "0.000") & "i"
      End Select
    End If
  End Sub
```

【理论概括】（见表 2.13）

表 2.13

思 考 点	你在实验后的理解	实 际 含 义
Else 和 Else If 有何区别		
在多分支结构中，如果多个条件都成立时如何执行		

【仿制任务】

仿制 1：输入华氏温度 F，利用公式 C=5/9*(F–32)转换成摄氏温度 C，根据转换结果 C 的不同值，按以下要求给出相应的提示。

C>40 时，打印"HOT "

30<C≤40 时，打印"WARM"

20<C≤30 时，打印"ROOM TEMPERATURE"

10<C≤20 时，打印"COOL"

0<C≤10 时，打印"COLD"

C≤0 时，打印"FREEZING"

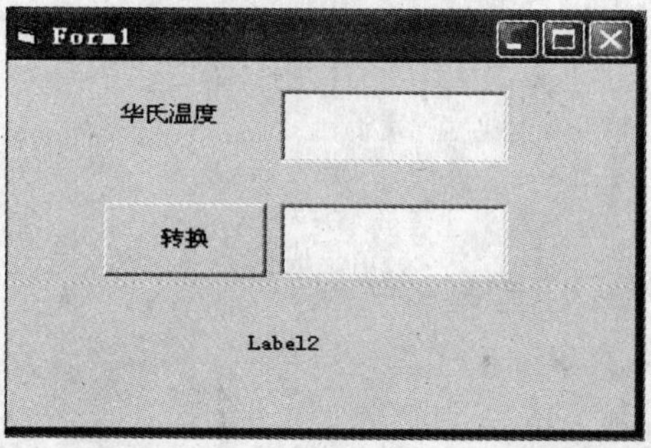

图 2.8

1．任务分析

本题中，不同的摄氏温度对应于不同的输出结果，所以必须选择多分支结构语句来编写代码。

2．操作步骤

步骤 1：用户界面设计，在控件箱中选择文本框、标签框 **A** 和命令按钮，并分别添加在窗体上，如图 2.8 所示。

步骤 2：属性设置，补充完成表 2.14。

表 2.14

对　象	属　性	设　置　值
窗体（Form）	Name（名称）	Form1
	Caption	
文本框 1（Text1）	Name（名称）	Text1
	Text	
文本框 2（Text2）	Name（名称）	Text2
	Text	
命令按钮 1（Command1）	Name（名称）	Command1
	Caption	
标签 1（Label1）	Name（名称）	Label1
	Caption	
标签 2（Label2）	Name（名称）	Label2
	Caption	

步骤 3：事件与事件过程设计，请补充完整：

```
Private Sub Command1_Click()
Dim C as single
C = 5 / 9 * (Val(Text1.Text) - 32)
Text2.Text = Format(C, "0.00")          ' 将转换结果保留两位小数显示
If C > 40 Then
    Label2.Caption = "HOT"
_____
    Label2.Caption = "WARM"
_____
    Label2.Caption = "ROOM TEMPERATURE"
_____
    Label2.Caption = "COOL"
_____
    Label2.Caption = "COLD"
_____
    Label2.Caption = "FREEZING"
End If
End Sub
```

仿制 2：任意输入一对坐标值，输出它所在的象限。

1．任务分析

本题首先应判断输入的点是否在坐标轴上，若不是，则继续进行判断。

2．操作步骤

步骤 1：用户界面设计，在控件箱中选择文本框 abl、标签框 A 和命令按钮 ，并分别添加在窗体上。

步骤 2：属性设置，补充完成表 2.15。

表 2.15

对　象	属　性	设　置　值
窗体（Form）	Name（名称）	Form1
	Caption	
文本框 1（Text1）	Name（名称）	Text1
	Text	
文本框 2（Text2）	Name（名称）	Text2
	Text	
命令按钮 1（Command1）	Name（名称）	Command1
	Caption	
标签 1（Label1）	Name（名称）	Label1
	Caption	
标签 2 （Label2）	Name（名称）	Label2
	Caption	

步骤 3：事件与事件过程设计，请补充完整：

```
Private Sub Command1_Click()
    Dim X as single, Y as single
    X = Val(Text1.Text):Y = Val(Text2.Text)
    If   X = 0 Or Y = 0 Then
       Print  "不在任何象限内"：End
    If   X > 0 Then
       _____                        'x>0,y>0,在第一象限
       Print "IN A"
       _____                        'x>0,y<0,在第四象限
       Print "IN D"
    endif
       _____                        'x<0,y>0,在第二象限
       Print "IN B"
    Else
       Print "IN C"                       'x<0,y<0,在第三象限
    End   if
End Sub
```

仿制 3：采用 Select Case 语句设计一个测试输入的数是小于 1、在 1～10 之间还是大于 10 的程序。

1. 任务分析

本题中，单击"确定"按钮后，在对应的代码中采用 Select Case 语句，根据输入的数据即可得到结果，如图 2.9 所示。

2. 操作步骤

步骤 1：用户界面设计，在控件箱中选择文本框 abl、标签框 A 和命令按钮 ，并分别添加在窗体上，如图 2.9 所示。

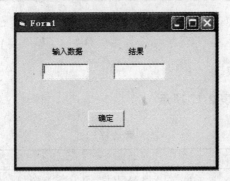

图 2.9

步骤 2: 属性设置，补充完成表 2.16。

表 2.16

对　象	属　性	设　置　值
窗体（Form）	Name（名称）	Form1
	Caption	
文本框 1（Text1）	Name（名称）	Text1
	Text	
文本框 2（Text2）	Name（名称）	Text2
	Text	
命令按钮 1（Command1）	Name（名称）	Command1
	Caption	
标签 1（Label1）	Name（名称）	Label1
	Caption	
标签 2 （Label2）	Name（名称）	Label2
	Caption	

步骤 3: 事件与事件过程设计，请补充完整:

```
Private Sub Command1_Click()
    Dim x As Integer
    x = Val(Text1.Text)
    Select Case x
    Case Is<1
        Text2.Text = _____      '小于 1
    Case 1 to 10
        Text2.Text = _____      '在 1 到 10 之间
    Case Else
        Text2.Text = _____      '大于 10
    End Select
End Sub
```

【个性交流】

你认为此题使用哪种分支结构语句会更简洁？

2.4.3　拓展知识

2.4.3.1　常用内部函数二

1. 常用的转换函数如表 2.17 所示

表 2.17

函　数　名	功　　能
Asc(N)	给出字符 N 的 ASCII 代码值（十进制数据）
Val(N)	将字符串 N 中的数字转换成数值
CInt(N)	将数据 N 的小数部分四舍五入取整
Fix(N)	将数据 N 的小数部分舍去

2. 字符串操作函数如表 2.18 所示

表 2.18

函　数　名	功　　能
Len（X)	求 X 字符串的长度
Left\$(X,N)	从 X 字符串左边起取 N 个字符
Right\$(X,N)	从 X 字符串右边起取 N 个字符
Mid\$(X,N1,N2)	从 X 字符串左边第 N1 个位置开始向右取 N2 个字符

3. 格式化函数 Format\$

格式化函数 Format\$是专门用于将数值、日期和时间数据按照指定格式输出的函数。它的一般形式如下：

```
Format$（<算术表达式>，fmt$）
```

式中的 fmt\$是用于格式控制的字符串。

格式控制字符有：

　　# 0 . , % \$ – + ( ) E+ E–

其中，"#"、"0"是数位控制符；"."和","是标点控制符；"E+"和"E–"是指数输出控制符；其他是符号控制符。

2.5　循环结构

2.5.1　预备知识

2.5.1.1　For 语句

语法结构：

```
For <循环变量> = <初值> To <终值> [Step 步长]
    <循环体>
Next [循环变量]
```

注意：

① 当步长为 1 时可省略[Step 步长]项。

② Next 后的循环变量为可选项。

功能：循环变量自动取初值并按步长增加，由循环变量值与终值的关系来控制循环。

执行顺序如下：

（1）第一次遇到 For 语句，循环变量取初值。

（2）判断循环条件：

① 当步长为正数时，如果循环变量小于等于终值，则执行循环体，否则结束循环，跳到 Next 后面的语句；

② 当步长为负数时，如果循环变量大小等于终值，则执行循环体，否则结束循环，跳到 Next 后面的语句；

（3）若执行了循环体，遇到 Next 语句，则循环变量在原值上增加一个步长值，得到新值，返回到 For 语句；

（4）用新的循环变量值与终值进行比较，重复第（2）、（3）步。

2.5.1.2　Do-Loop 语句

有四种形式的 Do-Loop 循环，语法结构分别如下：

（1）　　　　　　　　　　　　　　　　（2）

```
Do Until<条件>              Do While <条件>
    <循环体>                    <循环体>
    [<Exit Do>]                [<Exit Do>]
Loop                       Loop
```

以上两种形式为当型结构，执行顺序为：进入循环结构后，首先计算条件值，若条件值为真，则执行循环体（在循环体中若遇到 Exit Do 语句，则强行跳出循环），然后再由 Loop 语句将程序返回到循环头 Do 语句，进行循环；若条件值为假，则结束循环。

（3）　　　　　　　　　　　　　　　　（4）

```
Do                         Do Until<条件>
    <循环体>                    <循环体>
    [<Exit Do>]                [<Exit Do>]
Loop Until <条件>           Loop While <条件>
```

这两种形式为直到型结构，执行顺序为：进入循环结构后，首先执行循环体（循环体中若遇到 Exit Do 语句，则强行跳出循环），然后到 Loop 语句进行条件判断，若条件值为真，则返回到循环头 Do 语句再执行循环体，若条件值为假，则退出循环结构。

2.5.2　实训 5——循环结构

【模仿任务】

任务 1：编写一个程序求 1～100 的累加值。

1．任务分析

求若干个数的和，可采用循环求和的方法，设置一个存放和的变量，称为累加器，它的初始值设为 0。在循环体中，将求和数与累加器相加后再赋值给累加器，循环 100 次后累加器中的数即为所求的值。

2．操作步骤

步骤：事件与事件过程设计，相关代码如下：

```
Private Sub Form_click ()
    Dim i As Integer, sum As Integer, fact As Long
    sum = 0
    print "sum=";
    For   i=1 To 100                    '循环计算 100 次加法
        sum = sum + 1
    Next i
    Print sum
End Sub
```

任务 2：求 $1^2+2^2+3^2+4^2+\cdots$ 小于某数 N 的最大值，N 由用户指定。

1．任务分析

求不确定量的数的和，一般可采用 Do-Loop 循环语句来完成。

2．操作步骤

步骤 1：用户界面设计，在控件箱中选择文本框圙、标签框 **A** 和命令按钮🔲，并分别添加在窗体上。

步骤 2：属性设置，如表 2.19 所示。

表 2.19

对　　象	属　　性	设　置　值
窗体（Form）	Name（名称）	Form1
	Caption	Form1
文本框 1（Text1）	Name（名称）	Text1
	Text	
文本框 2（Text2）	Name（名称）	Text2
	Text	
命令按钮 1（Command1）	Name（名称）	Command1
	Caption	计算
标签 1（Label1）	Name（名称）	Label1
	Caption	请输入 N
标签 2（Label2）	Name（名称）	Label1
	Caption	最大值

步骤 3：事件与事件过程设计，相关代码如下：

```
Private Sub Command1_Click()
    Dim N As Long , S As Long
```

```
        N = Val(Text1.Text)
            I = 0
            S = 0
            Do While S < N
                I = I + 1
                S = S + I * I
            Loop
            Text2.Text= S – I * I
        End Sub
```

任务 3：公鸡五个钱一只，母鸡三个钱一只、小鸡一个钱三只，要用 100 个钱买 100 只鸡，问公鸡、母鸡和小鸡各能买几只？

1．任务分析

本题中符合条件的情况有多种，三个量都可以发生变化。所以必须使用循环嵌套的方法来计算出每一种可能性。

2．操作步骤

事件与事件过程设计，相关代码如下：

```
Private Sub Form_Click()
    Dim I As Integer, J As Integer, K As Integer
    Print Tab(5)；"公鸡"；Tab(15)；"母鸡"；Tab(25)；"小鸡"
    For   I = 0 To 20
        For   J = 0 To 33
            For   K = 0 To 100 Step 3
                If   I*5+J*3+K\3=100 And I+J+K=100 Then
                    Print Tab(5)；I；Tab(15)；J；Tab(25)；   K
                End If
    Next K, J, I
End Sub
```

【理论概括】（见表 2.20）

表 2.20

思 考 点	你在实验后的理解	实 际 含 义
循环结构的特点		
如何控制循环的次数		

【仿制任务】

仿制 1：求 $N!$ （ $N!=1 \times 2 \times 3 \times \cdots \times N$ ）

1．任务分析

与累加相类似，先初始化变量 F 为 1，然后循环作乘法得到最后的结果。

2．操作步骤

步骤 1：用户界面设计，在控件箱中选择文本框、标签框 A 和命令按钮，并分别添加在窗体上。

步骤 2：属性设置，补充完成表 2.21。

表 2.21

对　　象	属　　性	设　置　值
窗体（Form）	Name（名称）	Form1
	Caption	
文本框 1（Text1）	Name（名称）	Text1
	Text	
文本框 2（Text2）	Name（名称）	Text2
	Text	
命令按钮 1（Command1）	Name（名称）	Command1
	Caption	
标签 1（Label1）	Name（名称）	Label1
	Caption	
标签 2（Label2）	Name（名称）	Label2
	Caption	

步骤 3：事件与事件过程设计，请补充完整：

```
Private Sub Command1_Click()
    Dim N As Integer, I As Integer, F As Long
    N = Val(Text1.Text)
    F = 1
    ——————
        F = F * I
    ——————
    Text2.Text = F
End Sub
```

仿制 2：采用 **Do-loop while** 语句设计一个求解两个自然数的最大公约数的程序，如图 **2.10** 所示。

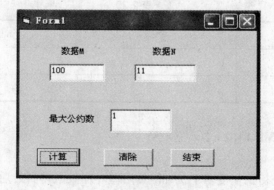

图 2.10

1．任务分析

本题采用欧几里得算法实现，当单击"计算"按钮时，对应代码首先应检测数据的合法性，如合法则可采用 Do-loop while 语句实现欧几里得算法。

欧几里得算法是求两个自然数的最大公约数的经典算法，该算法步骤如下：

（1）输入两个自然数 M、N；

（2）求 M 除以 N 的余数 R；

（3）使 $M=N$，即用 N 代替 M；

（4）使 $N=R$，即用 R 代替 N；

（5）如 $R \neq 0$，则重复执行 2、3、4 循环，否则继续执行；

（6）输出 M，M 即为所求的最大公约数。

2．操作步骤

步骤 1：用户界面设计，在控件箱中选择文本框▥、标签框**A**和命令按钮▭，并分别添加在窗体上，如图 2.10 所示。

步骤 2：属性设置，补充完成表 2.22。

表 2.22

对　　象	属　　性	设　置　值
窗体（Form）	Name（名称）	Form1
	Caption	
文本框 1（Text1）	Name（名称）	Text1
	Text	
文本框 2（Text2）	Name（名称）	Text2
	Text	
文本框 3（Text3）	Name（名称）	Text3
	Text	
命令按钮 1（Command1）	Name（名称）	Command1
	Caption	
命令按钮 2（Command2）	Name（名称）	Command2
	Caption	
命令按钮 3（Command3）	Name（名称）	Command3
	Caption	
标签 1（Label1）	Name（名称）	Label1
	Caption	
标签 2（Label2）	Name（名称）	Label2
	Caption	
标签 3（Label3）	Name（名称）	Label3
	Caption	

步骤 3：事件与事件过程设计，请补充完整：

```
Private Sub Command1_Click ()
    Dim m,n,r As Long
```

```
        m = Val (Text1.Text)
        n = Val (Text2.Text)
        If   m<1 or n<1 then
            Text3.Text = "数据错误！"
        Else
            _____
            r = m Mod n
            m = n
            n = r
            _____
            Text3.Text = CStr (m)
        End If
    End Sub

    Private Sub Command2_Click ()
        Text1.Text = ""
        Text2.Text = ""
        Text3.Text = ""
        Text1.SetFocus
    End Sub

    Private Sub Command3_Click ()
        End
    End Sub
```

【个性交流】

能否用其他方法写此题的程序？

2.5.3 拓展知识

2.5.3.1 循环语句的嵌套

无论是 Do-Loop 循环，还是 For-Next 循环，都可以在一层循环中套一个循环，称为循环语句的嵌套。以两层循环嵌套为例，其执行顺序如下：

（1）外循环变量首先取初值，若不符合循环条件则退出循环结构，若符合循环条件则进入外层循环体。

（2）在外层循环体中遇到内循环后，内循环再完整地循环一遍。

（3）外循环变量增加步长值。

（4）由新的外循环变量控制是否进入外循环体，若进入则重复第（2）、（3）步。

循环嵌套的特点：内循环一定要完整地被包含在外循环之内，不能相互交叉。外循环变量每取一个值，内循环变量就取遍所有值。

2.5.3.2 过程

在设计规模较大的程序时，将较复杂的程序分割成较小的逻辑部件，这些部件称为过程。将一个问题分解成若干个过程编写、调用，可以极大地简化程序设计任务。在 Visual Basic 6.0 中使用的过程分为子程序过程（Sub Procedure）、函数过程（Function Procedure）、属性过程（Property Procedure）三种。

1. Sub 过程

Sub 过程可以存放在标准模块和窗体模块中。Visual Basic 6.0 中有两种 Sub 过程，即事件过程和通用过程。过程定义语句如下：

```
[Private/Public] [Static] Sub ([参数列表])
    [局部变量和常数声明]
    语句块
End Sub
```

Sub 和 End　Sub 之间的语句块是每次调用过程执行的部分。

2. Function 过程

通过 Function 过程，用户可以自己定义函数。格式如下：

```
[Private/Public] [Static] Sub 过程名 [参数列表] [As 数据类型]
    语句块
    [函数名=表达式]
End Function
```

与 Sub 过程一样，Function 过程也是一个独立的过程，但不同的是 Function 过程可返回一个值到调用的过程。

其中，As 数据类型：函数返回值的数据类型，与变量一样，如果没有该子句，默认的数据类型是 Variant。

语句块：是描述过程的操作，称为子函数体或函数体。

函数名=表达式：在函数体中用该语句给函数赋值。

函数过程与通用过程可以在窗体中定义，也可以放在模块中。

3. Property 过程

Property 过程可以返回和设置窗体、标准模块以及类模块的属性值，也可以设置对象的属性。

习题 2

一、选择题

1. 下列变量名写法错误的是（　　）。

　　A. abc　　　　　　B. abc123　　　　　C. abc_123　　　　　D. 123abc

2. 要改变窗体的标题时，应当在属性窗口中改变的属性是（　　）。

　　A. Caption　　　　B. Name　　　　　C. Text　　　　D. Label

3. 在 Visual Basic 6.0 中表达式 11\3+11 mod 3 的运算结果值是（　　）。

A. 3   B. 4   C. 5   D. 6

4. 能够将文本框控件隐藏起来的属性是（   ）。

A. Visible   B. Clear   C. Cls   D. Hide

5. 语句段

a=3: b=5

t=a: a=b: b=t   执行后，（   ）。

A. a 值为 3，b 值为 3   B. a 值为 3，b 值为 5

C. a 值为 5，b 值为 5   D. a 值为 5，b 值为 3

二、填空题

1. 类型_____也称变体类型，是一种通用的、可变的数据类型，它可表示或存储任何一种数据类型。

2. 在 For i=5 To 30 Step 2 中，循环体一共执行了_____次。

3. 在程序中，若想要将焦点定位到命令按钮 Command1 上，需要使用代码_____。

4. 在 Visual Basic 6.0 中，我们用一个简单的_____语句就能实现退出程序。

5. 写出下面程序的执行结果。

```
Private Sub Command1_Click()
        Dim a as Integer, b as Integer
        a = 1：b = 0
        Do While a<=5
            b = b+a*a
            a = a+1
        Loop
        Print a,b
End Sub
```

三、问答题

1. 写出下面数学式对应的算式表达式

（1）$A + xy + 2 \times \sin x$ （2）$|x| + 1/x$

（3）$a/(b-c/d)$ （4）$\ln(x+y)$

2. 如 $a=3$，$b=5$，则 $(a>b)\text{Or}(b>0)$ 的计算结果为多少？

3. 事件过程与通用过程的主要区别是什么？

4. 在程序设计时是否必须声明变量？声明变量有何好处？

5. 将下面的条件用 Visual Basic 6.0 逻辑表达式表示。

（1）X+Y 都大于 10 且 X-Y 大于 0

（2）X、Y 都为正或都为负

（3）A、B 之一为 0 但不同时为 0

四、操作题

1. 设 X 与 Y 是同一类型的变量，设计一个程序交换两者的数据。

2. 随机产生 100 个两位整数，统计出其中小于等于 40、大于 40 小于 70 及大于 70 的数据个数。

3. 随机生成 20 个 100 以内的正整数，将其中的奇数和偶数分两行显示在窗体上。

第3章 Visual Basic 6.0 常用控件

本章学习要点

1. 熟悉窗体的组成。
2. 熟练掌握各控件的常用属性、事件及方法。
3. 熟悉标签、文本框及命令按钮控件的使用方法。
4. 熟悉单选按钮、复选框和框架控件的使用方法。
5. 熟悉列表框、组合框和滚动条控件的使用方法。
6. 熟悉图片框、图像框控件的使用方法。
7. 熟悉计时器，学会用计时器实现简单动画。
8. 学会 Visual Basic 6.0 可视化程序设计方法。

3.1 窗体的设计

3.1.1 预备知识

大家都知道，在 Windows 中，每运行一个应用程序都会打开一个窗口，我们称之为应用程序窗口。在 Visual Basic 6.0 中，把窗口称为窗体，在进行程序设计时，可以使用窗体的各种属性来改变它的外观，添加丰富的色彩。窗口基本上具有统一的外观风格和类似的结构，所以用 Visual Basic 6.0 设计窗体，首先应了解窗体的结构，如图 3.1 所示。窗体由标题栏、最小化按钮、最大化按钮、关闭按钮组成，各部分功能与 Windows 窗口相同。

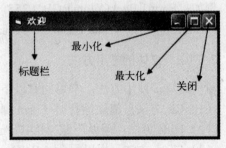

图 3.1

3.1.1.1 窗体的属性

窗体的属性很多，大致可分为窗体名称、窗体标题、边框风格、最大化和最小化、字体、图标、鼠标指针、窗口状态、背景色与前景色及窗体在桌面上的位置（左、右坐标，高度和宽度）等。这些属性可以在属性窗口中设置，也可在代码中设置。窗体常用的属性主要有以下几个。

（1）Name 属性（名称）：在 Visual Basic 6.0 中，第一个窗体默认的 Name 属性为 Form1，有多个窗体时依此类推 Form2、Form3、…，当然也可按照自己的需要进行命名。名称属性在程序代码中被作为对象的标识名。

（2）Caption 属性（窗体标题）：用于设置窗口的标题。每个应用程序的标题栏里都有一个用于识别不同应用程序的标题。通过更改窗体的 Caption 属性，可以使用自己喜欢的标题。

（3）Picture 属性（窗体图片）：用来设置窗体的背景图片，它引入图片的方法同 Icon 引入图标一样，不过此处要用位图文件（.bmp、.gif、.jgp），而不是图标文件，但也可导入.ico 图片。在代码中设置需用 LoadPicture 函数完成。其格式为：

　　　　　[对象.]Picture=LoadPicture("文件名")

（4）Left、Top 和 Height、Width 属性（位置，大小属性）：Left、Top 用于设置窗体距屏幕左边及上边缘的距离，即可确定窗体在屏幕上的位置。Height、Width 用于设置窗体的高和宽，以确定窗体的大小。如在代码中设置属性，可用[对象名.]Left＝2000（表示对象的 Left 值设置为 2000）来完成。

（5）Enabled 属性（活动属性）：用于设置窗体及其内部的控件对象是否能响应用户的操作，它的取值为 True 或 False，默认值为 True。

（6）BackColor、ForeColor 属性默认（窗体背景、前景色属性）：用于确定窗体的背景颜色和前景颜色。

 注意：设置属性的方法有两种：
　　① 在设计状态通过属性窗口设置：直接在属性窗口中选择或输入。
　　② 在程序代码中改变属性值：代码中的格式为：对象名.属性 = 属性值

例如：Form1.BackColor=RGB（255，0，0）

Form1.Caption="Visual Basic 6.0 欢迎你"，属性值为一个字符串时要用引号引起来。

3.1.1.2　窗体的常用方法

窗体有许多使用方法，常用的有以下几种：

（1）Cls 方法：清除运行时 Form 或 PictureBox 所生成的图形和文本。

（2）Hide 方法：用以隐藏 MDIForm 或 Form 对象，但不能使其卸载。

（3）Show 方法：用以显示 MDIForm 或 Form 对象。

（4）Print 方法：在窗口中显示文本。

（5）Move 方法：可使对象（不包括时钟控件）移动，同时也可以改变被移动对象的尺寸。

　　　　方法格式：[对象.]方法名[参数]

3.1.1.3　窗体的事件

最常用的窗体事件是鼠标事件，包括鼠标移动（Mouse Move）、按下鼠标键（Mouse Down）、释放鼠标键（Mouse Up）、单击（Click）、双击（Double Click）。

调用（事件过程）的一般形式：

Private Sub　对象名_事件名
（事件内容）
End Sub

3.1.2　实训 1——单窗体

【模仿任务】

设计一个程序，该程序的用户界面只要一个窗体。运行程序之初，设置该窗体宽度为 3000twip，高度为 2000twip，标题为 "Visual Basic 6.0 欢迎你"。单击该窗体后，将此窗体的宽度变为 4000twip，高度为 3000twip，标题为 "学习 Visual Basic 6.0 程序设计"。

操作步骤

步骤 1：用户界面的设计，如图 3.2 所示。

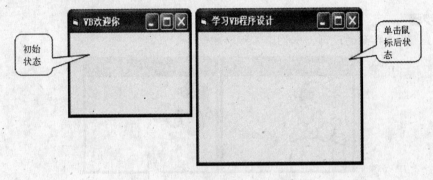

图 3.2

步骤 2：属性设置，如表 3.1 所示。

表 3.1

对　　象	属　　性	设　置　值
窗体（Form）	Name（名称）	Form1
	Caption	Visual Basic 6.0 欢迎你
	Height	2000twip
	Width	3000twip

步骤 3：事件与事件过程设计，相关代码如下：

```
Private Sub Form_Load()          '装载窗体，初始化
    Form1.Width=3000
    Form1.Height=2000
    Form1.Caption="VB 欢迎你"
End Sub

Private Sub Form_Click()          '单击窗体后，窗体属性的变化
    Form1.Width=4000
    Form1.Height=3000
    Form1.Caption="学习 VB 程序设计"
End Sub
```

【理论概括】（见表 3.2）

表 3.2

思 考 点	你在实验后的理解	实 际 含 义
窗体的 Load()事件		
窗体的初始化界面可在什么时候设置		
窗体的 Click()事件		
在代码中设置属性的格式		

【仿制任务】

设计一程序，刚运行时标题栏上显示一图标，标题为"原图窗口"，窗体中显示一幅图片，鼠标单击窗体后窗体上显示另一个图标和图片，标题变为"新图窗口"。效果如图 3.3 所示。

操作步骤

步骤 1：用户界面的设计，如图 3.3 所示。

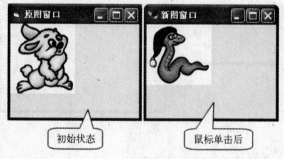

图 3.3

步骤 2：属性设置，如表 3.3 所示，请补充完整。

表 3.3

对 象	属 性	设 置 值
窗体（Form）	Name（名称）	Form1
	Caption	
	Picture	31.gif

步骤 3：事件与事件过程设计，请补充完整：

```
Private Sub _____       '装载窗体，初始化
       _____
       Picture = LoadPicture(App.Path + "\31.gif")
End Sub

Private Sub Form_Click()

       _____
       Form1.Icon = LoadPicture(App.Path + "\msn.ico")
       _____
End Sub
```

【个性交流】

此题在编制过程中是否可以进一步加以改进？

3.1.3　实训 2——多窗体

【模仿任务】

设计由三个窗体组成的程序，当程序运行时只显示第一个窗体，当鼠标单击窗体后，第一个窗体隐藏，显示第二个窗体，当单击第二个窗体时，显示第三个窗体，第三个窗体隐藏，当单击第三个窗体时，回到第一个窗体，第三个窗体隐藏。效果如图 3.4（a）～（c）所示。

操作步骤

步骤 1：用户界面的设计，如图 3.4 所示。

图 3.4（a）　　　　　图 3.4（b）　　　　　图 3.4（c）

步骤 2：属性设置，如表 3.4 所示。

表 3.4

对　　象	属　　性	设　置　值
窗体 1（Form1）	Name（名称）	Form1
	Caption	第一个窗口
	Picture	1.jpg
窗体 2（Form2）	Name（名称）	Form2
	Caption	第二个窗口
	Picture	2.jpg
窗体 3（Form3）	Name（名称）	Form3
	Caption	第三个窗口
	Picture	3.jpg

步骤 3：事件与事件过程设计，相关代码如下：

```
Private Sub Form_Click()     ' 第一个窗体
    Form1.Hide
    Load Form2
    Form2.Show
End Sub
```

```
    Private Sub Form_Click()        ' 第二窗体
        Unload Form2
        Load Form3
        Form3.Show
    End Sub

    Private Sub form_Click()        ' 第三窗体
        unload Form3
        Form1.Show
    End Sub
```

 注意：在窗体的事件中，事件过程的对象名只能用 Form 而不能用 Form1。

【理论概括】（见表 3.5）

表 3.5

思 考 点	你在实验后的理解	实 际 含 义
多窗体设计时的顺序应如何进行		
Unload 方法与 Hide 方法的区别		
Load 方法与 Unload 方法的区别		
Load、Unload、Show、Hide 方法的使用顺序		
如何在工程中添加窗体		

【仿制任务】

建立一个由两个窗体组成的工程，窗体 1 布局如图 3.5（a）所示，窗体 2 显示一幅背景图片如图 3.5（b）所示。程序运行时，先显示窗体 1，且除"显示"按钮有效，其余按钮无效（变化）。单击"显示"按钮再出现窗体 2，同时窗体 1 中所有按钮变为有效。单击"上"、"下"、"左"、"右"、"缩小"、"扩大"按钮，分别控制窗体 2 的位置及大小，单击"隐藏"按钮使窗体 2 消失，同时窗体 1 除"显示"按钮有效外，其余按钮无效。

操作步骤

步骤 1：用户界面的设计，如图 3.5 所示。

（a）

（b）

图 3.5

步骤 2：属性设置，补充完成表 3.6。

表 3.6

对　　象	属　　性	设　置　值
窗体 1（Form1）	Name（名称）	Form1
	Caption	控制器
命令按钮 1（Command1）	Name（名称）	上
	Enabled	False
命令按钮 2（Command2）	Name（名称）	
	Enabled	False
命令按钮 3（Command3）	Name（名称）	左
	Enabled	False
命令按钮 4（Command4）	Name（名称）	
	Enabled	
命令按钮 5（Command5）	Name（名称）	显示
命令按钮 6（Command6）	Name（名称）	
命令按钮 7（Command7）	Name（名称）	缩小
	Enabled	False
命令按钮 8（Command8）	Name（名称）	扩大
	Enabled	
窗体 2（Form2）	Name（名称）	Form2
	Caption	被控制器
	Picture	34.jpg

步骤 3：事件与事件过程设计，请补充完整：

```
Private Sub Command1_Click()        ' 窗体 2 上移
    Form2.Top = Form2.Top - 50
End Sub


Private Sub Command2_Click()        ' 窗体 2 下移
    _____
End Sub


Private Sub Command3_Click()        ' 窗体 2 左移
    Form2.Left = Form2.Left - 50
End Sub


Private Sub Command4_Click()        ' 窗体 2 右移
    _____
End Sub


Private Sub Command5_Click()        ' 显示窗体 2，同时使窗体 1 上的按钮变为有效
    Form2.Show
    Command1.Enabled = True
```

```
            Command2.Enabled = True
            Command3.Enabled = True
            Command4.Enabled = True
            Command6.Enabled = True
            Command7.Enabled = True
            Command8.Enabled = True
        End Sub

        Private Sub Command6_Click()          '窗体 2 隐藏，同时使窗体 1 上按钮失效
            _____
            _____
            _____
            _____
            _____
            _____
            _____

        End Sub

        Private Sub Command7_Click()            '窗体 2 放大
            _____
            _____
        End Sub

        Private Sub Command8_Click()            '窗体 2 缩小
            Form2.Height = Form2.Height - 50
            Form2.Width = Form2.Width - 50
        End Sub
```

【个性交流】

试着将窗体 1 中各对象的初始状态放在窗体的 Load()事件中实现。

3.1.4　拓展知识

3.1.4.1　窗体的其他属性

窗体除上述介绍的常用属性外，还有以下属性：

（1）Icon 属性（图标属性）：正如标题一样，每一个程序都有一个图标，可以通过设置 Icon 属性，将喜爱的图标放到自己的杰作里。具体方法：单击属性窗口中的 Icon 属性栏，此栏的最右端将出现一个带有三个小点的按钮，单击此按钮（记住：以后碰到这种按钮，都是要我们插入一些文件），将弹出一个打开文件的对话框，选择想使用的图标文件（.Ico）即可。或在代码中设置 Icon = LoadPicture("文件位置和文件名")。

（2）Visible 属性（窗体可见属性）：其属性值可设置为 True 或 False，其功能等同于 Hide 方法。

（3）MaxButton 和 MinButton 属性（最大、最小化按钮属性）：此两属性用于设置窗体的标题栏是否具有最大化和最小化按钮。两者的取值皆为 True 或 False。取 True 时，有此

按钮；取 False 时，无此按钮。

（4）WindowState 属性（窗口状态属性）：此属性用于设置窗体启动时窗体的状态，有以下三种形式可供选择。

① 正常显示。启动程序时窗体的大小为设置的大小，其位置也为我们设置的位置，此时此属性的取值为 Normal。

② 最大化显示。启动时窗体布满整个桌面，其效果相当于单击最大化按钮，此时此属性的取值为 Maximized。

③ 最小化显示。启动时窗体缩小为任务栏里的一个图标，其效果相当于单击最小化按钮，此时此属性的取值为 Minimized。

（5）Appearance（显示外观效果属性）

0 表示平面，1 表示立体，可以通过属性窗口设置，也可以通过代码设置。

（6）BorderStyle 属性（边框样式属性）：控制边框类型或窗体的形式，取值为 0～5。

0-None：无边框

1-Fixed Single：固定单边框（含控制菜单、标题、关闭按钮）

2-Sizable：可调整边框（可改变窗体大小）

3-Fixed Dialog：固定对话框（不可改变大小）

4-Fixed Toolwindows：固定工具窗口（大小不变，含关闭按钮）

5-Sizable Toolwindows：可变工具窗口

（7）ControlBox 属性（控制菜单属性）：其取值为 True 或 False，确定是否有控制菜单框，默认为 True，表示有控制菜单框。

（8）Font 属性（字体属性）：确定字形，通过属性窗口设置时，可从弹出的对话框中选择字体及字号的大小，也可以通过代码设置。

3.1.4.2　窗体的事件

窗体除鼠标事件外，还有以下几种事件。

1. 键盘事件

KeyDown 事件（按下键盘的某个键）、KeyUp 事件（释放按下的键盘键）、KeyPress 事件（敲击键盘某个键）。

2. 其他事件

（1）Load 事件：此事件在窗体进行初始化时产生，只要启动应用程序，窗体被装入内存，就会触发 Load 事件。Load 事件过程通常用来给属性和变量赋初值。

（2）Activate 事件：在 Load 事件发生后，系统便自动触发 Activate 事件。Load 事件发生时窗体是不活动的，而 Activate 事件发生时窗体已是活动的。在不活动的窗体上不能使用 Print 方法显示信息，在活动的窗体上才能使用 Print 方法。

（3）Unload 事件：此事件在窗体退出时产生，是从内存中清除窗体。

（4）Click 事件：当程序运行后用鼠标单击对象时触发的事件，事件发生时调用相应的事件过程。

（5）DblClick 事件：当程序运行后用鼠标双击对象时触发的事件，事件发生时调用相应的事件过程。

3.1.4.3 窗体的 Print 方法

窗体除上述方法外，还有 Print 方法，它的功能是在窗口中显示文本。

1. Print 方法的格式

[对象名.]Print[输出表列]

（1）对象名可以是窗体、图片框、打印机，默认对象名则表示在当前窗体上输出数据。也可以在立即窗口中直接使用 Print 命令。

（2）输出表列指输出的常量、变量或表达式，当有两个以上输出项时，输出项之间要使用分隔符 ","或 ";"。

（3）Print 方法具有计算和输出双重功能。

默认输出表列时，表示输出一个空行。

 注意：

① 当输出表列以 ","或 ";"结束时，表示下一次输出不换行。

② 用 ","分隔数据时，表示按标准格式输出（分区输出格式），即每个分区占 14 个字符位置。

③ 用 ";"分隔数据时，表示按紧凑格式输出，若分隔的是两个字符串，输出时将两个字符串连在一起；若分隔的是数值，输出时数字前有一个符号位；若是正数则输出空格，数字后又尾随一个空格。如：

Print"abc"; "def"　　输出结果：abcdef
Print "abc", "def"　　　输出结果：abc　　　　　def
Print 123；456　　　　输出结果：　123　456
Print 123，456　　　　输出结果：　123　　　　　456

2. 与 Print 方法有关的函数

为了使 Print 方法按用户要求在指定位置输出，必须与相关函数结合使用。与 Print 方法有关的函数主要有以下几个：

Tab(n)：对输出进行定位，其中 n 是绝对位置。

Spc(n)：表示跳过若干个空格，其中 n 是相对位置，Spc 和 Spc$完全等效。

Space(n)：表示跳过若干个空格，其中 n 是相对位置，Space 和 Space$完全等效。

Spc(n)与 Space(n)完全等效

例 1：Print "abc";
　　　Print Space(2)；"def"
　　　输出：abc　def
　　　Print 123；
　　　Print Space(2)；456
　　　输出：123　　456

例 2：Private Sub Form_Activate( )
　　　Print Tab(20)；"*"　　　　输出：　　　　　*
　　　Print Tab(20)；"**"　　　　　　　　　　　**
　　　Print Tab(20)；"***"　　　　　　　　　　 ***

　　　　End Sub

例 3：比较下列左右程序段：

Print Tab(2)；"*"　　　　　　　　Print Spc(2)；"*"
Print Tab(5)；"**"　　　　　　　　Print Spc(5)；"**"
Print Tab(9)；"***"　　　　　　　　Print Spc(9)；"***"
Tab 函数的输出：　* ** ***
Spc 函数的输出：　　　*　　　**　　　　　***

3.1.4.4 启动窗体设置

在多窗体的情况下，如果没有特别设定，应用程序的第一个窗体默认为启动窗体，也就是当应用程序开始运行时，先运行这个窗体。如果要改变系统默认的启动窗体，应对"工程属性"的设置进行调整。即在"工程"菜单中选择"属性"命令，出现如图 3.6 所示的对话框时，在"通用"选项中选择新的启动窗体，确定后就以新设定的窗体为启动窗体。

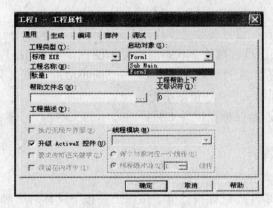

图 3.6

3.2 标签、文本框和命令按钮

3.2.1 预备知识

3.2.1.1 命令按钮

1．属性

命令按钮的标准属性包括 Name，Caption，Enabled，Visible 等等，常用的属性有 Default，Cancel。

系统隐含命令按钮的名称为 Command1、Command2 等。

按钮控件属性窗口的属性列表中，有许多与窗体和其他控件相同的属性。它们是：FontName，FontSize，FontBold，FontItalic，FontStrikethru，FontUnderline，

（1）Name：Visual Basic 6.0 中默认的 Name 属性为 Command1，有多个时依此类推 Command2、Command3、…。

（2）Caption：用来设置命令按钮上显示的文本。

（3）Enabled：用来设置按钮是否能够接受单击操作，其取值为 True 或 False。当它被设置为 True 时，按钮能接受单击操作；当它被设置为 False 时，按钮不能接受单击操作，并且按钮上的文字变灰。

（4）Default：用来设置按钮是否等同于按回车键的功能，其取值为 True 或 False。需要注意的是，在窗体中，最多只能有一个按钮的此属性被设置为 True。

（5）Cancel：用来设置按钮是否等同于按 Esc 键的功能，其取值为 True 或 False。需要注意的是，在窗体中，最多只能有一个按钮的此属性被设置为 True。

（6）TabStop 和 TabIndex 属性：TabStop 属性用来设置是否可用 Tab 键来选定当前按钮，其取值为 True 或 False。TabIndex 属性用于定义用 Tab 键移动时的顺序，从 0 开始，依次增加。当然，我们可以通过改变此属性的值来改变此顺序。

（7）Visible：此属性用来设置在运行时该命令按钮是否可见。其取值为 True 或 False。当它被设置为 False 时，按钮不可见；当它被设置为 True 时，按钮可见。

（8）Picture：设置此对象的图标，当 Style=1 时有效。

（9）DisabledPicture：设置被禁止操作时显示的图标，当 Style=1 时有效。

（10）DownPicture：设置被按下状态时的显示图标，当 Style=1 时有效。

（11）Style：设置对象的外观形式。0——Standard：标准（只能显示文字），1——Graphical：图形（既能显示文字，也能显示图标）。

（12）ToolTipText：当鼠标在控件上暂停时显示的文本。

2．事件

命令按钮常用的事件有：

（1）Click 事件：单击命令按钮时触发的事件。

（2）MouseDown 事件：鼠标指针位于按钮上并按下鼠标时所触发的事件。

（3）MouseUp 事件：释放鼠标按钮时所触发的事件。

注意：在 Visual Basic 6.0 中，用一个简单的 End 语句就能退出程序，这一语句在编程中将经常用到，请务必牢记。

3.2.1.2　标签控件

标签用来显示文本的控件，标签中的内容不能被编辑，但是可以通过修改它的属性来改变标签中显示的文本。

1．属性

标签的属性和其他控件相同的属性包括：Name，Caption，FontName，FontSize，FontBold，FontItalic，FontStrikethru，FontUnderline，Top，Left，Height，Width，Visible 等。其常用属性如下：

（1）Name：Visual Basic 6.0 中标签的默认名字为 Label1，有多个时依此类推 Label2、Label3、…。

（2）Caption：用来设置标签中要显示的文本。

（3）Alignment：用来设置标签中文本的对齐方式。其取值为 0——左对齐，1——右对齐，2——居中。

（4）AutoSize：用来设置标签的大小是否随标题内容的大小自动调整，其取值为 True 或 False。当它取 True 时，标签的大小随要显示的文本的大小而发生变化。当被设置为 False 时，标签的大小固定，文字太长时，只显示其中的一部分。

（5）BorderStyle：用来设置标签的边框，其默认值为 0——无边界线（默认），1——固定单线边框。

（6）Enabled：用来设置标签是否能接受鼠标事件。此属性一般设置为 True，表示可以接受鼠标事件；当设置为 False 时，标签中的文字变灰，并且不能接受鼠标事件。

（7）TabIndex：设置此对象在窗体中的对象编号。

（8）UseMnemonic：设置此对象的标题字符"&"后的字符是否作为快捷键，取值为 Ture 或 False。

（9）TooltipText：字符串类型，设置对象的提示信息。程序运行过程中鼠标指针停留在对象时则显示该字符串。

（10）ForeColor：此属性用来设置标签中文本的颜色。Visual Basic 6.0 提供了一些常用颜色的常量，如 vbRed（红色），vbGreen（绿色），vbBlack（黑色），vbBlue（蓝色），vbYellow（黄色）等。如果需要更为丰富的颜色，可以使用十六进制的颜色表。

2．事件

标签能接收 Click 和 DblClick 事件。

3.2.1.3　文本框控件

文本框是用来输入文本的控件，当然，也可以把它当成显示文本的地方。

1．属性

文本框的属性和其他控件相同的属性包括：Name，FontName，FontSize，FontBold，FontItalic，FontStrikethru，FontUnderline，Top，Left，Height，Width，BorderStyle，BackColor，ForeColor，Enabled，ToolTipText，Visible 等。其常用属性如下：

（1）Name：Visual Basic 6.0 中文本框的默认名字为 Text1，有多个时依此类推 Text2、Text3、Text4、…。

（2）Text：用来接收或发送文本框中的内容。程序执行时，用户在文本框输入的内容会自动保存在该属性中。这是文本框控件中最为常用的属性。

（3）MaxLength：用来设置文本框中的最大字符数。默认值为 0，表示可以输入任意多的字符；当此属性被设置为非 0 值时，此非 0 值即为最大的字符数。

（4）MultiLine：用来设置文本框是单行显示还是多行显示。此属性被设置为 False 时，不管文本框有多大的高度，只能在文本框中输入单行文字；当此属性被设置为 True 时，按回车键可以换行输入。

（5）ScrollBar：用来设置文本框是否具有滚动条，其取值为 0，1，2 和 3。0——无滚动条；1——水平滚动条；2——垂直滚动条；3——水平和垂直滚动条。不过，前提是只有当 MultiLine 属性为 True 时，文本框才能有滚动条；否则，即使 ScrollBar 设置为非 0 值，也没有滚动条。

（6）PasswordChar：用来设置文本框是否为一个口令域，当此属性取值为空时，创建一个正常的文本框；当此属性取值为"*"时，用户的输入都用"*"来显示，但系统实际上接收的仍为用户输入的密码。

（7）Locked：设置是否锁住文本框的 Text 属性的内容，取值为 True 或 False，默认为 True。

（8）Enabled：设置该文本框是否为可用，取值为 True 或 False，默认为 True。

2．事件

文本框不能接受鼠标事件，其常用的事件为：

（1）Change 事件：在用户向文本框输入新的信息或用户从程序中改变 Text 属性时发生。用户在文本框中每输入一个字符，就会产生一次 Change 事件。

（2）KeyPress 事件：当文本框具有焦点时，按下任意键，就会产生该事件。通常可用该事件检查输入的字符（通过 KeyPress 事件过程检测按键的 ASCII 码值）。

（3）GotFocus 事件：按下 Tab 键或用鼠标单击该对象使它获得焦点时，触发该事件。

（4）LostFocus 事件：按下 Tab 键或用鼠标单击其他对象使焦点离开该文本框时，触发该事件，通常可用该事件检测文本框的内容。

3.2.2　实训 3——加法计算器

图 3.7

【模仿任务】

设计一个程序，要求用户从键盘上输入两个数，单击不同的运算按钮，并将相应的运算结果显示在结果文本框中。效果如图 3.7 所示。

操作步骤

步骤 1：用户界面的设计（如图 3.7 所示）。

步骤 2：属性设置（如表 3.7 所示）。

表 3.7

对　　象	属　　性	设　置　值
窗体 1（Form）	Name（名称）	Form1
	Caption	算术运算
标签 1（Label1）	Caption	第一个数
标签 2（Label2）	Caption	第二个数
标签 3（Label3）	Caption	运算结果
命令按钮 1（Command1）	Caption	+
命令按钮 2（Command2）	Caption	−
命令按钮 3（Command3）	Caption	*
命令按钮 4（Command4）	Caption	/
命令按钮 5（Command5）	Caption	清除
文本框 1（Text1）	Text	
文本框 2（Text2）	Text	
文本框 3（Text3）	Text	

步骤 3：事件与事件过程设计，相关代码如下：

```
        Dim a As Integer, b As Integer, c As Integer    ' 定义全局变量
        Private Sub Command1_Click()                    ' 实现加运算
            a = Val(Text1.Text)
            b = Val(Text2.Text)
            s = a + b
            Text3.Text = s
        End Sub

        Private Sub Command2_Click()                    ' 实现减运算
            a = Val(Text1.Text)
            b = Val(Text2.Text)
            s = a - b
            Text3.Text = s
        End Sub

        Private Sub Command3_Click()                    ' 实现乘运算
            a = Val(Text1.Text)
            b = Val(Text2.Text)
            s = a * b
            Text3.Text = s
        End Sub

        Private Sub Command4_Click()                    ' 实现除运算
            a = Val(Text1.Text)
            b = Val(Text2.Text)
            s = a / b
            Text3.Text = s
        End Sub

        Private Sub Command5_Click()                    ' 实现所有文本框清空
            Text1.Text = ""
            Text2.Text = ""
            Text3.Text = ""
        End Sub
```

【理论概括】（见表 3.8）

表 3.8

思　考　点	你在实验后的理解	实　际　含　义
本题中用到哪些控件		
文本框中接收的数据是什么类型		
字符型如何转换数值型		
本题中三个文本框的作用		
清除文本框中的内容		
三个标签的作用是什么		

【仿制任务】

设计一设置密码程序，要求用户输入密码，然后进行密码校对，当输入的密码与事先设定密码一致时，则在下边文本框中显示"恭喜你"，若不一致，则显示"密码错，请重新输入"。效果如图 3.8 所示。

操作步骤

步骤 1: 用户界面的设计（如图 3.8 所示）。

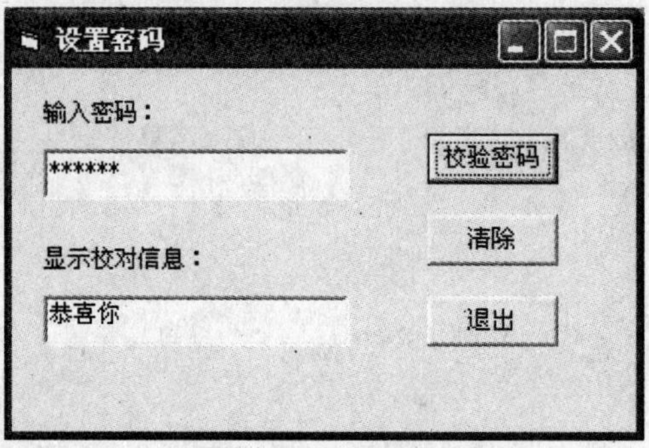

图 3.8（a）

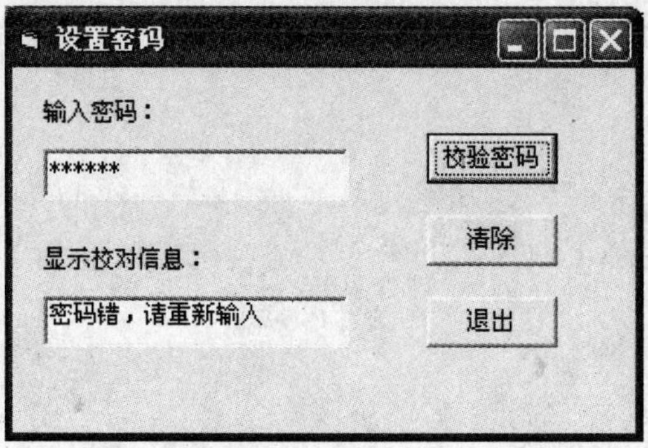

图 3.8（b）

步骤 2: 属性设置，请补充完成表 3.9。

表 3.9

对　象	属　性	设　置　值
窗体（Form）	Name（名称）	Form1
	Caption	
文本框 1（Text1）	Text	
	PasswordChar	*
文本框 2（Text2）	Text	
标签 1（Label1）	Caption	输入密码：
标签 2（Label2）	Caption	
命令按钮 1（Command1）	Caption	校验密码
命令按钮 2（Command2）	Caption	
命令按钮 3（Command3）	Caption	

步骤 3：事件与事件过程设计，请补充完整：

```
Private Sub Command1_Click()                    ' 密码校对事件
    pass = Text1.Text                           ' 将密码保存至变量 pass 中
        If   pass = "mychar" Then
            Text2.Text = _____       ' 当密码为 mychar 时，在文本框 2 中显示祝贺信息
        Else
            Text2.Text = "密码错，请重新输入"
        End If
End Sub


Private Sub Command2_Click()                    ' 清除文本框事件
    _____
    _____
End Sub


Private Sub Command3_Click()                    ' 退出
    _____
End Sub
```

【个性交流】

能否将密码设置题在原有基础上增加校验密码次数，要求输入密码次数只有三次，并在文本框 2 中显示输入次数，当第三次仍未输入正确密码时，则自动退出或关闭窗体。

3.2.3　拓展知识

3.2.3.1　剪贴板的使用

Windows 系统提供了一个 Clipboard 对象，用于暂时保存剪贴或复制的信息。剪贴板 Clipboard 是 Windows 系统提供的对象，使用剪贴板可以在不同的对象之间传递数据。

Clipboard 称为剪贴板对象，Clipboard 对象没有属性或事件，只有用于传递数据的方法。Clipboard 的方法有：

（1）将文本传送到剪贴板上的 SetText 方法，其格式：

Clipboard.SetText　\<data> [, format]

其中，data 是需要传送的数据，format 指定传送的格式。

Format 格式见表 3.10。

表 3.10

参　　数	说　　明
vbCFLink	动态数据交换链
vbCFText	文本
vbCFBitmap	位图
vbCFMetfile	元文件
vbCFDIB	与设备无关的位图
vbCFPalette	调色板

当然，也可采用文本框的属性完成数据传递。文本框的 SelText 属性，其作用是返回或设置包含当前所选择文本的字符串；如果没有选中字符串，则为零长度的字符串。

（2）将 Clipboard 上的文本传送到指定的对象上的 GetText 方法及语法格式，其中 distination 是传送剪贴板内容的对象。

```
<distination>=Clipboard.GetText()
```

例如：Text2.SelText = Clipboard.GetText 　将剪贴板的内容复制到文本框 2 中。

（3）剪贴板复制数据的方法 SetData，其格式：

```
Clipboard.SetData <data> [, format]
<distination>=Clipboard.GetData()
```

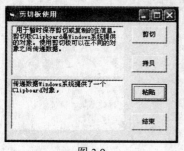

图 3.9

需要说明的是剪贴板对象是被 Windows 中所有应用程序共享的，因此，粘贴操作需要指明粘贴的对象。这个对象既可以是当前应用程序中的对象，也可以是其他应用程序中的对象。

案例 1　运行如图 3.9 所示窗体时，将文本框 1 中选中的内容剪切或复制后，粘贴到文本框 2 中。

方法一：利用全局变量保存复制信息，完成复制与粘贴。

操作步骤：

步骤 1：用户界面的设计（如图 3.9 所示）。

步骤 2：属性设置（如表 3.11 所示）。

表 3.11

对　　象	属　　性	设　置　值
窗体（Form）	Name（名称）	Form1
	Caption	剪贴板的使用
文本框 1（Text1）	Text	
	MultiLine	True
文本框 2（Text2）	Text	
	MultiLine	True
命令按钮 1（Command1）	Name（名称）	CmdCut
	Caption	剪切
命令按钮 2（Command2）	Name（名称）	CmdCopy
	Caption	复制
命令按钮 3（Command3）	Name（名称）	CmdPaste
	Caption	粘贴
命令按钮 4（Command4）	Name（名称）	CmdExit
	Caption	结束

步骤 3：事件与事件过程设计，相关代码如下：

```
Dim str As String                 ' 定义全局变量 str，用于保存复制数据
Private Sub Form_Load()
```

```
        Text1.Text = " Windows 系统提供了一个 Clipboard 对象，用于暂时保存剪切或复制的住信息。剪
贴板 Clipboard 是 Windows 系统提供的对象。使用剪贴板可以在不同的对象之间传递数据。"
    End Sub
    Private Sub CmdCut_Click()            '剪切
        str = Text1.SelText
        Text1.SelText = ""
        Text2.SetFocus
    End Sub

    Private Sub CmdCopy_Click()           '复制
        str = Text1.SelText
        Text2.SetFocus
    End Sub

    Private Sub CmdPaste_Click()          '粘贴
        Static str1 As String
        str1 = str1 + str
        Text2.Text = str1
    End Sub

    Private Sub CmdExit_Click()           '退出
        End
    End Sub
```

方法二：利用 Windows 系统提供的 Clipboard 对象完成。

界面和属性与方法一完全相同。而事件代码可按如下进行：

```
    Private Sub CmdCut_Click()            '剪切
        Clipboard.Clear
        Clipboard.SetText Text1.SelText
        Text1.SelText = ""
    End Sub

    Private Sub CmdCopy_Click()           '复制
        Clipboard.Clear
        Clipboard.SetText Text1.SelText
    End Sub

    Private Sub CmdPaste_Click()          '粘贴
        Text2.SetFocus
        Text2.SelText = Clipboard.GetText
    End Sub
```

Form()_Load、CmdExit_Click()事件与方法一相同。

3.2.3.2　Msgbox、Inputbox 介绍

在使用应用程序时，常常出现一些对话框。如当输入数据错误时，屏幕会出现"数据出错"，并请选择"重试"或"取消"等信息，这种界面更直观方便。Visual Basic 6.0 提供

消息框、输入框等控件，便于在设计时得到友好的用户界面。

1．消息框 MsgBox

消息框用来显示一个对话框，把消息传递给用户，等待用户在对话框中选择并返回一个整数值，以便程序根据函数值进行相应的处理。其格式：

MsgBox　（Msg[,Type][,Title][,HelpFile,Context]）

参数说明：

Msg：字符型，显示对话框中的信息。

Type：是一个数值，也可以用加号连接三个数值的表达式或符号常量。该参数用来指定对话框中显示的按钮类型、数目和图标样式，默认值为 0。其含义见表 3.12（a）～（c）。

表 3.12（a）　按钮的类型及其对应的值

符 号 常 量	值	在消息框上显示出来的按钮
VbOkOnly	0	确定按钮
VbOkCancel	1	确定和取消按钮
VbAbortRetryIgnore	2	终止（A）、重试（R）和忽略（I）按钮
VbYesNoCancel	3	是（Y）、否（N）和取消按钮
VbYesNo	4	是（Y）和否（N）按钮
VbRetryCancel	5	重试（R）和取消按钮

表 3.12（b）　图标的类型及其对应的值

符 号 常 量	值	在消息框上显示出来的图标
VbCritical	16	❌
VbQuestion	32	❓
VbExclamation	48	⚠️
VbInformation	64	ℹ️

表 3.12（c）　默认按钮及其对应的值

符 号 常 量	值	默认的活动按钮
VbDefaultButton1	0	第 1 个按钮为默认的活动按钮
VbDefaultButton2	256	第 2 个按钮为默认的活动按钮
VbDefaultButton3	512	第 3 个按钮为默认的活动按钮

Type 的值是从上面 3 个表中各取一个数相加而得（只能从每一个表中取一个数）。例如，65=1（有"确定"和"取消"按钮）+64（表 3.12（b）中的第四个图标）+0（第 1 个"确定"按钮为默认活动按钮）。Type 也可以直接用符号常量表示。如 65 可表示为：VbOkCancel+VbImformation+VbDefaultButton3

Title：字符串表达式，用来设置对话框的标题。省略时为工程名。

案例 2　下列窗体，运行时若三次输入错误密码就自动退出，可用 MsgBox 报错。

操作步骤

步骤 1：用户界面的设计（图 3.10（a）～（c））所示。

图 3.10（a）　　　　　　　　　图 3.10（b）　　　　　　　　图 3.10（c）

步骤 2：属性设置如表 3.13 所示。

表 3.13

对　象	属　性	设　置　值
窗体（Form）	Name（名称）	Form1
	Caption	密码设置
文本框 1（Text1）	Text	
	PassWordChar	*
文本框 2（Text2）	Text	
标签 1（Label1）	Caption	请输入密码：
标签 2（Label2）	Caption	输入次数：
命令按钮 1（Command1）	Name（名称）	Command1
	Caption	密码验证

步骤 3：事件与事件过程设计，相关代码如下：

```
Private Sub Command1_Click()
    Static flag As Integer
    Flag = 0
    pw$ = Text1.Text
    If   pw$ = "123" Then
        Form1.Hide
        Form2.Show                    '密码对，进入下一个窗体
    Else
    If   pw$ <> "123" Then
    flag = flag + 1
    a = MsgBox("密码错误，是否重新输入？", vbOKCancel + vbCritical, "密码校对框")
    If   a = vbOK Then
        Text1.Text = ""
        Text1.SetFocus
    Else
            End
    End If
    Text2.Text = flag + 1
    If   flag = 3 Then
        MsgBox "密码错误满 3 次，将退出！", , "密码校对框"
```

```
            End
          End If
         End If
        End If
       End Sub

       Private Sub Form_Load()
       Text2.Text = 1
       End Sub
```

 注意： MsgBox 也可以作为语句使用，此时没有返回值。

2. 输入对话框 InputBox 函数

从前述可知，用户输入信息多数用文本框实现，但不够灵活方便，为此，Visual Basic 6.0 提供了一种"输入对话框"函数，可以使用户界面直观、形象，使用更为方便。

InputBox 函数可以通过对话框形式提示用户输入相应数据。其格式：

    InputBox（Prompt[，Title][，Default][，Xpos][，Ypos]）

参数说明：

Prompt：必选参数，字符串类型，用来提示输入。

Title：字符串类型，对话框标题。

Default：字符串类型，用于设置默认信息。

Xpos 和 Ypos：数值型，用于定义输入对话框的位置，必须同时存在或同时省略。

默认 InputBox 函数的返回值是通用类型，但根据所赋的变量名的类型可发生变化，InputBox$函数则用于返回 String 类型。例如：

```
       Dim a as Integer，b as Integer
          a = InputBox("输入字符")
          b = InputBox("输入字符"，"输入框")
       fname$=InputBox("请输入文件名","输入对话框",file1)
```

 注意： InputBox 接受的数据为字符串，所以若要得到数值型，就必须用 VAL 函数进行转换。

案例 3 下列程序，完成一组数据的总和及平均值统计。运行时输入统计个数，单击"统计"按钮，将出现提示窗口，依次输入第 *n* 个数据，在完成所有数据输入后，显示总和及平均值。效果如图 3.11（a）、（b）所示。

图 3.11（a）

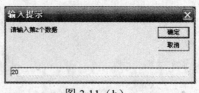

图 3.11（b）

操作步骤

步骤 1: 用户界面的设计。

步骤 2: 属性设置（如表 3.14 所示）。

表 3.14

对　　象	属　　性	设　置　值
窗体（Form）	Name（名称）	Form1
	Caption	统计总和与平均值
文本框 1（Text1）	Text	
文本框 2（Text2）	Text	
文本框 3（Text3）	Text	
标签 1（Label1）	Caption	输入统计个数
标签 2（Label2）	Caption	总和
标签 3（Label3）	Caption	平均值
命令按钮 1（Command1）	Name（名称）	Command1
	Caption	统计

步骤 3: 事件与事件过程设计，相关代码如下:

```
Private Sub Command1_Click()
    Dim s As Integer
    For i = 1 To Val(Text1.Text)
    n = InputBox("请输入第" & i & "个数据", "输入提示")
    s = s + n
    Next i
    Text2.Text = s
    Text3.Text = s / Val(Text1.Text)
End Sub
```

3.3　单选按钮、复选框和框架

在各种软件应用、网上注册或网上登记时，我们经常会看到一些选择按钮。Visual Basic 6.0 提供了专门的选择控件来实现这些功能。

3.3.1　预备知识

3.3.1.1　单选按钮

在应用程序中经常会出现一组方案中只能选择其中之一的情况，Visual Basic 6.0 提供了一种控件（单选按钮），可实现在提供多个可选项时，只能选择其中之一的功能。其名称默认为: Option1、Option2、…。单选按钮是一种表示状态的选项，通常以选项组的形式出现。在同一组单选按钮中，每次只能选择一项，而且必须选择一项。当选中一个单选按钮时，其他单选按钮都会自动关闭。单选按钮的主要属性有以下几种。

Value: 用于设置单选按钮的状态，值为 True 表示被选中，值为 False 表示未被选中。

Style：设置控件的外观，0——Standard（标准），1——Graphical（图形）。

Alignment：用来设置控件标题的对齐方式，0——居左，1——居中。

Enabled：设置单选按钮是否有效，True 表示有效，False 表示无效。

单选按钮常用的事件是 Click()事件。

3.3.1.2　复选框

复选框也是一种表示状态的选项，与单选按钮不同的是，当提供多个复选项供选择时，可从中选择一个或多个选项。即当存在多个复选框时，每个复选框都是相互独立的，可以同时设置多个复选框。其名称默认为：Check1、Check2、…。复选框主要属性有以下几种。

Value：用于设置控件对象是否被选中，0——不被选中，1——选中，2——禁止操作。

Alignment：用来设置控件标题的对齐方式，0——居左，1——居中。

Style：设置控件的外观，0——Standard（标准），1——Graphical（图形）。

复选框常用事件是 Click()事件，不支持 DblClick()事件。

3.3.1.3　框架

每个窗体中可能会存在许多控件，为了将控件适当按功能分组，可以使用框架（Frame）。框架中的控件能够进行总体的激活或屏蔽。其名称默认为：Frame1、Frame2、…。框架的属性主要有以下几种。

Caption：框架的标题名称。框架名称中可以含有访问键。运行时按 Alt+访问键可以切换到框架中。

Enabled：设置框架是否为活动状态，True 为活动状态（默认），False 为非活动状态。运行时，框架的标题会呈灰色显示，同时框架中的所有控件都被屏蔽，即不可使用。

此外，以上控件还有 Index 属性，用于设置控件对象在控件组中的成员编号。

3.3.2　实训 4——四则运算练习

【模仿任务】

制作一个简单的计算器。要求在第一、二个文本框中输入两个操作数，在"计算"框架中选择一种计算方法，（单击"="按钮后，在第三个文本框中显示计算结果。

操作步骤

步骤 1：用户界面的设计（如图 3.12 所示）。

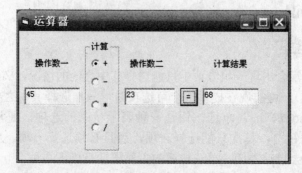

图 3.12

步骤 2：属性设置（如表 3.15 所示）。

表 3.15

对　　象	属　　性	设 置 值
窗体 1（Form）	Name（名称）	Form1
	Caption	运算器
标签 1（Label1）	Caption	操作数一
标签 2（Label2）	Caption	操作数二
标签 3（Label3）	Caption	计算结果
命令按钮 1（Command1）	Caption	=
框架（Frame）	Name（名称）	Frame1
	Caption	计算
单选按钮 1（Option1）	Caption	+
单选按钮 2（Option2）	Caption	-
单选按钮 3（Option3）	Caption	*
单选按钮 4（Option4）	Caption	/

步骤 3：事件与事件过程设计，相关代码如下：

```
Private Sub Command1_Click()
    If  Option1 Then Text3.Text = Val(Text1.Text) + Val(Text2.Text)
    If  Option2 Then Text3.Text = Val(Text1.Text) - Val(Text2.Text)
    If  Option3 Then Text3.Text = Val(Text1.Text) * Val(Text2.Text)
    If  Option4.Value Then Text3.Text = Val(Text1.Text) / Val(Text2.Text)
End Sub
```

【理论概括】（见表 3.16）

表 3.16

思 考 点	你在实验后的理解	实 际 含 义
同一组中的单选按钮可选择几个		
同一组中的复选框可选择几个		
框架的作用		
要在一个窗体上同时选择多个单选按钮可用什么方法实现		

【仿制任务】

按以下要求制作一个设置字体效果的窗体。

操作步骤

步骤1：用户界面的设计（如图 3.13 所示）。

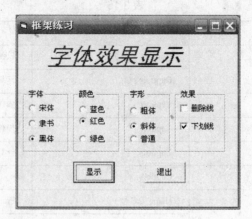

图 3.13

步骤2：属性设置（如表 3.17 所示）。

表 3.17

对　　象	属　　性	设　置　值
窗体（Form）	Name（名称）	Form1
	Caption	框架练习
标签 1（Label1）	Caption	字体效果显示
	Fontsize	一号
框架 1（Frame1）	Caption	字体
框架 2（Frame2）	Caption	
框架 3（Frame3）	Caption	字形
框架 4（Frame4）	Caption	
单选按钮（OptF1）	Caption	宋体
单选按钮（OptF2）	Caption	隶书
单选按钮（OptF3）	Caption	
单选按钮（OptC1）	Caption	蓝色
单选按钮（OptC2）	Caption	红色
单选按钮（OptC3）	Caption	
单选按钮（OptS1）	Caption	粗体
单选按钮（OptS2）	Caption	
单选按钮（OptS3）	Caption	普通
复选框 1（Check1）	Caption	删除线
复选框 2（Check2）	Caption	
命令按钮 1（Command1）	Caption	显示
命令按钮 2（Command2）	Caption	

步骤 3：事件与事件过程设计，请补充完整：

```
Private Sub Command1_Click()
    '确定字体
    If   OptF1.Value Then Label1.FontName = "宋体"
    _____        ' 设置隶书
    _____        ' 设置黑体
    '确定颜色
    If   OptC1.Value Then Label1.ForeColor = RGB(0, 0, 255)
    _____        ' 设置红色
    If   OptC3.Value Then Label1.ForeColor = RGB(0, 255, 0)
    '确定字形
    If   OptS1.Value Then
      Label1.FontBold = True
      Label1.FontItalic = False
    End If
    If   OptS2.Value Then
    _____        ' 设置斜体
    _____
    End If
    If   OptS3.Value Then
    _____        ' 设置普通字体
    _____
    End If
    ' 确定效果
    If   Check2.Value = 1 Then
            Label1.FontStrikethru = True
    Else
            Label1.FontStrikethru = False
    End If
    If   Check1.Value = 1 Then                     ' 加下划线
    _____
    Else
    _____
    End If
End Sub
Private Sub Command2_Click()
    End
End Sub
```

【个性交流】

本题请考虑用控件数组来完成。

3.3.3　拓展知识

数组的基本功能是存储一系列类型一致的变量，并用同一个变量名来指代这些变量。在 Visual Basic 6.0 中有两种数组，即普通数组（变量数组）和控件数组。普通数组与一般高级语言中的数组一样，而控件数组是把多个控件作为一个整体来处理。

3.3.3.1　普通数组

普通数组是指一组相同类型数据的集合。数组中的每个变量称为元素，每个元素用下标变量来区分；下标变量代表元素在数组中的位置。例如：

```
Dim   y（5）As Integer
```

表示定义了一个一维数组，该数组的名字为 y，类型为 Integer，占据 6 个（0～5）整型变量的空间。名称分别为：y(0)、y(1)、y(2)、y(3)、y(4)、y(5)共 6 个元素(即变量)。其值称为元素值。

数组的定义格式：

```
Public|Private|Dim|Static   数组名（[下标下界 to]下标上界[, [下标下界 to]下标上界…]）[As  类型]
```

说明：

① 当只有一组下标时，该数组就称为一维数组；有两组下标时称二维数组；依此类推。

② 当省略<下标下界>时，默认为 0；若希望下标从 1 开始，可在模块的通用部分增加 Option Base 语句。其使用格式如下：

```
Option Base 0|1        ' 后面的参数只能取 0 或 1
```

例如：Option Base   1　' 将数组声明中默认<下标下界>设为 1

例如，可以用以下方式声明固定大小的数组：

Dim arr(1 to 10) As integer　　　　'含 arr(1)到 arr(10)10 个元素

Dim arr(-10 to 10) As string　　　　'含 arr(–10)到 arr(10) 21 个元素

Option Base 1　　　　　　　　　'表示下标起始值为 1

Dim a(5) as integer　　　　　　　'含 a(1)～a(5)5 个元素

Dim a(2,3) as double　　　　　　　'表示从 a(0,0),a(0,1),…,a(2,3)共有 12 个元素

Static b(1to4,2 to 5) as string　　　'表示从 b(1,2),b(1,3),…,b(4,5)共有 16 个元素

例 1：分析下列程序段，写出运行结果。

```
Dim m(10)
for   i=0 to 10
   m(i)=2*I
next I
print m(m(3))    结果为：12
```

例 2：将下列矩阵转置。

```
Option Base 1
Private Sub Form_Click()
    Dim a(3, 3), b(3, 3)
    For   i = 1 To 3
      For   j = 1 To 3
        a(i,j)=InputBox("请输入 a("&i&","&j&")的值")
        Print Tab(10 + 3 * j); a(i, j);
        b(j, i) = a(i, j)                    ' 输入矩阵
      Next j
      Print                                  23   12   7
Next i                                       22   33   14
Print "转置后的数组："                18   11   10      ' 转置后输出的矩阵：
```

```
For   i = 1 To 3                          23   22   18
    For   j = 1 To 3                      12   33   11
        Print Tab(10 + 4 * j); b(i, j);    7   14   10
    Next j
    Print
Next i
End Sub
```

3.3.3.2　控件数组

控件数组是由一组相同类型的控件组成的，公用一个控件名，共享相同的事件过程，彼此之间用下标值区分。下标通过设置 Index 属性得出。如 Option1(0)、Option1(1)、Option1(2)等，都是单选按钮控件。控件数组中的对象具有相同的对象名，但不同的对象通过下标加以区别。控件数组中的对象共享相同的事件过程。

建立控件数组的方法有两种：一种是建立多个同名控件，为每个控件赋予不同的 Index 属性值；另一种是通过对控件的复制和粘贴操作，由系统提示用户是否需要建立控件数组。

控件数组中的每个控件具有相同的名称和属性，但属性值可分别设置，每个控件都有唯一的索引号，通过索引号来识别控件数组中的每一个控件。利用控件数组可节约系统资源，增加程序的可读性，使编程灵活方便。

案例：设计一个简易的四则运算计算器。当除数为零时，显示提示信息。

操作步骤

步骤 1：用户界面的设计（如图 3.14 所示）。

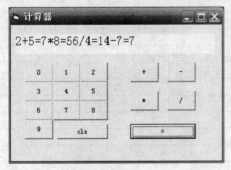

图 3.14（a）

图 3.14（b）

步骤 2：属性设置如表 3.18 所示。

表 3.18

对　　象	属　　性	设　置　值
窗体（Form）	Name（名称）	Form1
	Caption	计算器
标签框 1（Label1）	Name（名称）	Label1
命令按钮 1（Command1）	Name（名称）	num
	Index	0
	Caption	0
命令按钮 1（Command1）	Name（名称）	num
	Index	1
	Caption	1

（续）

对　象	属　性	设　置　值
命令按钮 1（Command1）	Name（名称）	num
	Index	2
	Caption	2
命令按钮 1（Command1）	Name（名称）	num
	Index	3
	Caption	3
命令按钮 1（Command1）	Name（名称）	num
	Index	4
	Caption	4
命令按钮 1（Command1）	Name（名称）	num
	Index	5
	Caption	5
命令按钮 1（Command1）	Name（名称）	num
	Index	6
	Caption	6
命令按钮 1（Command1）	Name（名称）	num
	Index	7
	Caption	7
命令按钮 1（Command1）	Name（名称）	num
	Index	8
	Caption	8
命令按钮 1（Command1）	Name（名称）	num
	Index	9
	Caption	9
命令按钮 2（Command2）	Name（名称）	opera
	Index	0
	Caption	+
命令按钮 2（Command2）	Name（名称）	opera
	Index	1
	Caption	−
命令按钮 2（Command2）	Name（名称）	opera
	Index	2
	Caption	*
命令按钮 2（Command2）	Name（名称）	opera
	Index	3
	Caption	/
命令按钮 2（Command2）	Name（名称）	opera
	Index	4
	Caption	=
命令按钮 3（Command3）	Name（名称）	clr
	Caption	cls

步骤 3：事件与事件过程设计，相关代码如下：

```
Dim n1, n2, flag As Boolean, sel1 As String * 1, sel2 As String * 1
    ' 定义公共变量
Private Sub clr_Click()
```

```
        n1 = 0: n2 = 0
        Label1.Caption = ""
        flag = True
        sel1 = ""
End Sub

Private Sub Form_Load()
Dim wid, i
        Label1.Caption = ""
        Label1.BackColor = vbWhite
        Label1.FontSize = 16
        flag = True
End Sub

Private Sub num_Click(Index As Integer)
        n1 = n1 * 10 + Val(num(Index).Caption)
        Label1.Caption = Label1.Caption & num(Index).Caption
End Sub

Private Sub opera_Click(Index As Integer)
        Label1.Caption = Label1.Caption & opera(Index).Caption
        If    flag Then
            n2 = n1
            flag = False
            sel1 = opera(Index).Caption
        Else
            sel2 = sel1
            sel1 = opera(Index).Caption
            Select Case sel2
                Case "+": n2 = n2 + n1
                Case "-": n2 = n2 - n1
                Case "*": n2 = n2 * n1
                Case "/"
                    If n1 = 0 Then
                        MsgBox "除数为零，请重新输入！", 48
                        clr_Click
                    Else: n2 = n2 / n1
                    End If
            End Select
        End If
        If sel1 = "=" Then Label1.Caption = Label1.Caption & n2
        n1 = 0
End Sub
```

【个性交流】

如果在此基础上再增加一些计算功能，应如何改进。

3.4 列表框、组合框控件和滚动条

3.4.1 预备知识

3.4.1.1 列表框控件

列表框（ListBox）主要用于显示一个含有若干选项的列表，可从中选择一项或多项，被选中的项呈反相显示。在列表框中可以放入若干个选项的名字，用户可以通过单击某一项或多项来选择自己所需要的项目。如果放入的项较多，超过了列表框设计的可显示项目数，则系统会自动在列表框边上加一个垂直滚动条。在执行期间，用户不能输入内容，只能在代码中完成数据添加。列表框的名称系统隐含：List1、List2、…依此类推。

1．列表框的属性

（1）List：该属性是一个字符串数组，用来保存列表框中的各个数据项内容。List 数组的下标从 0 开始，即 List（0）保存表中第一个数据项的内容，List（1）保存第二个数据项的内容，依此类推，List（ListCount-1）保存表中最后一个数据项的内容。在属性框中设置该属性值时，每输入一项后，按下 Ctrl+Enter 组合键，再继续输入下一个值。在程序中可使用 AddItem 方法来完成添加。

（2）ListCount：记录了列表框中的数据项总数，该属性只能在程序中引用。

（3）ListIndex：当前选中项目的索引号，第一项为 0，第二项为 1，依此类推；无选中项目时，属性值为–1。该属性只在运行时可用，设置该属性将触发 Click()事件。

（4）Text：用于存放被选中列表项的文本内容。该属性是只读的，不能在属性窗口中设置，也不能在程序中设置。

（5）Selected：表示某个项目的选中状态。 例如，Selected（0）的值为 True，表示第一项被选中，如为 False，表示未被选中。

（6）Style：控件外观。0——标准；1——复选框形式。

（7）MultiSelect（多选择列表项）：整型，通过属性窗口设置列表框中一次可选择的项数，0——（默认值，标准列表框）表示一次只能选择一项；1——表示简单多项选择，指向某个选项并单击鼠标或按空格键，可在选与不选之间切换；2——表示扩展多项选择，可用 Shift+单击选项或 Shift+箭头键选取上一个选项到当前选项之间的所有选项。用 Ctrl+单击选项选定（或撤销选定）列表中的项目。

（8）Sorted：逻辑型，用于确定列表中的选项是否自动按字母顺序排序（不区分大小写），True 为按升序排列，否则按加入的先后顺序排序。

（9）Cloumns：指定列表框中列的数目；0——表示垂直滚动的单列列表框；1——表示水平滚动的单列列表框；大于1——表示水平滚动的多列列表框。如果选项数超过列表框可显示数目，则自动出现滚动条。

2．列表框的事件

（1）Click 事件：单击某一列表项目时将触发列表框控件的 Click 事件。

（2）DblClick 事件：双击某一列表项目时，将触发列表框与简单组合框控件的 DblClick 事件。

（3）ItemCheck 复选项事件：当 Style=1，并且选择或清除了一个选项时触发。

3．列表框的方法

（1）向列表框添加项目：AddItem

AddItem 是将项目添加到列表框控件中。

AddItem 方法的语法格式：<对象名>.AddItem　item$ [, index]

其中：item$：字符串表达式，表示要加入的项目。

　　　Index：决定新增项目的位置，0 表示第一个位置，添加的项目为第一项；省略此内容则添加在最后。

（2）从列表框中删除项目：RemoveItem

RemoveItem 是从列表框控件中删除一项。

RemoveItem 方法的语法格式：<对象名>. RemoveItem　index

（对 index 参数的规定同 AddItem 方法。）

例如，删除列表框 List1 中的第一个项目，其程序代码为：

```
List1.RemoveItem 0
```

例如，要删除列表框（List1）中所有选中的项目，可使用下面的程序段：

```
i = 0
Do While i <= List1.ListCount - 1
    If   List1.Selected(i) = True Then
            List1.RemoveItem i
        End If
        i = i + 1
loop
```

（3）删除列表框中所有项目：Clear

用 Clear 方法可删除列表框中的所有项目。

```
格式：〈对象名〉. Clear
```

例如，要删除列表框（List1）中的所有项目，可使用：List1. Clear

3.4.1.2　组合框控件

组合框（ComboBox）控件是综合文本框和列表框特性而形成的一种控件，用户可通过在组合框中输入文本来选定项目，也可从列表中选定项目。

1．组合框的属性

（1）List 属性：字符串数组，含有组合框中的全部项。

（2）ListCount 属性：组合框中所含项目的总数。

（3）ListIndex 属性：选中项目的索引号。

（4）Text 属性：文本框内的字符串（即选中项目的内容）。

（5）Sorted 属性：用于设置列表项是否自动按字母顺序排序（不区分大小写），默认值为 False。

（6）Locked 属性：是否允许编辑修改列表项。默认值为 False，允许编辑修改列表项。

（7）Style 属性：组合框的样式。属性值：0（默认值）表示下拉组合框；1 表示简单组合框；2 表示下拉式列表框。可在设计或运行时设置。

2．组合框的事件

Change 事件：当用户通过键盘输入改变下拉式组合框或简单组合框控件的文本框部分的正文，或者通过代码改变了 Text 属性的设置时，将触发 Change 事件。

3．组合框的方法

与列表框相似，组合框也有添加（AdddItem）和删除项目(RemoveItem)方法。同样可用 Clear 方法删除所有组合框项目，即

> Commbo1.Clear

3.4.1.3 滚动条控件

在一些应用软件中经常可见一些滚动条，滚动条通常用来附在窗体边上帮助观察数据或确定位置，作为速度、数量的指示器，也可作为数据输入的工具。在 Visual Basic 6.0 中有专用的滚动条控件。滚动条分为水平滚动条（HscrollBar）和垂直滚动条（VscrollBar）。水平滚动条默认名称为：Hscroll1、Hscroll2、…，垂直滚动条默认名称为：Vscroll1、Vscroll2、…。除方向不一样外，水平滚动条和垂直滚动条的结构与操作完全相同。

1．滚动条的属性

（1）Value 属性：滑块所在位置所代表的值（在 Max 与 Min 之间）。

（2）Max：最大值 32767

（3）Min：最小值 −32768

（4）SmallChange：最小变动值，表示当用户单击滚动条两端的箭头时，Value 属性值增加或减小的量，默认值为 1。

（5）LargeChange：最大变动值，用户单击滚动块和滚动箭头之间的区域时，滚动条控件的 Value 属性值的改变量，默认值为 1。

2．滚动条的事件

（1）Change 事件：在移动滚动框或通过代码改变其 Value 属性值时发生。单击滚动条两端的箭头或空白处将引发 Change 事件。

（2）Scroll 事件：当滚动框被重新定位，或者按水平方向或垂直方向滚动时，触发 Scroll 事件。拖动滑块时会触发 Scroll 事件。

Scroll 事件与 Change 事件的区别在于：当滚动条控件滚动时，Scroll 事件一直在发生，而 Change 事件只是在滚动结束后才发生一次。

3.4.2 实训 5——列表框、组合框控件和滚动条

【模仿任务】

任务 1：设计一个窗体，窗体上包含两个列表框，其中右边列表框中的项目按字母排列。要求当选中左列表中的某个项目后，单击">"即可将该项移到右边列表，并在左列表中删除该项，右列表中按字母顺序排列；同样选择右列表项目时，可将其移到左列表中。当单击"》"时，将左列表中所有项目移到右列表中，单击"《"时将右列表中所有项目移到左列表中。

操作步骤

步骤 1：用户界面的设计（见图 3.15）。

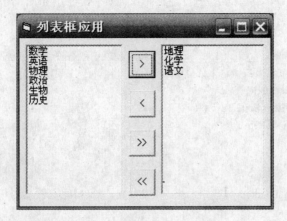

图 3.15

步骤 2：属性设置（如表 3.19 所示）。

表 3.19

对　　象	属　　性	设　置　值
窗体 1（Form）	Name（名称）	Form1
	Caption	列表框应用
列表框 1（List1）	Name（名称）	List1
列表框 2（List2）	Name（名称）	List2
	Sorted	True
命令按钮 1（Command1）	Caption	>
命令按钮 2（Command2）	Caption	<
命令按钮 3（Command3）	Caption	>>
命令按钮 4（Command4）	Caption	<<

步骤 3：事件与事件过程设计，相关代码如下：

```vb
Private Sub Command1_Click()        '将左列表中选中项右移
    List2.AddItem List1.Text
    List1.RemoveItem List1.ListIndex
End Sub

Private Sub Command2_Click()        '将右列表中选中项左移
    List1.AddItem List2.Text
    List2.RemoveItem List2.ListIndex
End Sub

Private Sub Command3_Click()        '将左列表中所有项移到右列表中
    For    i = List1.ListCount - 1 To 0 Step -1
        List1.Selected(i) = True
```

```
        List2.AddItem List1.Text
        List1.RemoveItem i
      Next i
  End Sub

  Private Sub Command4_Click()          ' 将右列表中所有项移到左列表中
      For   i = List2.ListCount - 1 To 0 Step -1
      List2.Selected(i) = True
      List1.AddItem List2.Text
      List2.RemoveItem i
      Next i
  End Sub

  Private Sub Form_Load()               ' 初始化,给列表框添加数据项
      List1.AddItem "数学"
      List1.AddItem "语文"
      List1.AddItem "英语"
      List1.AddItem "物理"
      List1.AddItem "化学"
      List1.AddItem "政治"
      List1.AddItem "地理"
      List1.AddItem "生物"
      List1.AddItem "历史"
      List1.Selected(0) = True
  End Sub
```

【理论概括】(见表 3.20)

表 3.20

思　考　点	在实验后总结采用的方法
将选中的项从第一列表中移到第二列表中	
依次选择列表中的各个列表项	

【仿制任务】

仿制 1: 设计一个窗体,窗体上有两个列表框、两个命令按钮。一个列表框显示系统提供的屏幕字体。用户可以用鼠标在"可选的屏幕字体"列表框中选择一个或多个字体名称。然后,单击"显示"命令按钮时,在另一个列表框显示用户所选中的列表项。

操作步骤:

步骤 1: 用户界面的设计(如图 3.16 所示)。

图 3.16

步骤 2：属性设置（如表 3.21 所示）。

表 3.21

对　象	属　性	设　置　值
窗体（Form）	Name（名称）	Form1
	Caption	
标签 1（Label1）	Caption	可选的屏幕字体
标签 2（Label2）		
命令按钮 1（Command1）	Caption	显示
命令按钮 2（Command2）		
列表框 1（List1）	MultiSelect	2
列表框 2（List2）	Name（名称）	List2

步骤 3：事件与事件过程设计，根据给出的程序补充完整：

```
Private Sub Command1_Click()          ' 将列表框 1 中选中的内容在列表框 2 中显示
    List2.Clear
    For   i = _____ To _____
        If _____ Then
            _____
        End If
    Next
End Sub


Private Sub Command2_Click()
    End
End Sub


Private Sub Form_Load()
    For i = 0 To Screen.FontCount - 1    ' 初始化，在列表框 1 中添加字体
        _____ Screen.Fonts(i)
    Next
End Sub
```

【模仿任务】

任务 2：设计一个程序，要求程序运行后，在组合框中显示若干个课程名称。选中某个课程后，将其名称显示在对应的"选中课程"的标签中。在程序运行中，可以向组合框中添加新的课程，也可以删除选中的课程。

操作步骤

步骤 1：用户界面的设计（见图 3.17）。

步骤 2：属性设置（如表 3.22 所示）。

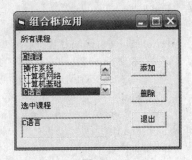

图 3.17

表 3.22

对　象	属　性	设　置　值
窗体 1（Form）	Name（名称）	Form1
	Caption	组合框应用
标签 1（Label1）	Caption	所有课程
标签 2（Label2）	Caption	选中课程
标签 3（Label3）	Caption	
	BorderStyle	1
组合框 1（Combo1）	Style	1
	Text	
命令按钮 1（Command1）	Caption	添加
命令按钮 2（Command2）	Caption	删除
命令按钮 3（Command3）	Caption	退出

步骤 3：事件与事件过程设计，相关代码如下：

```
Private Sub Combo1_Click()
        Label3.Caption = Combo1.Text
End Sub

Private Sub Command1_Click()
        flag = 0
        If   Combo1.Text <> "" Then
            For i = 0 To Combo1.ListCount
                If   Combo1.Text = Combo1.List(i) Then
                        flag = 1
                End If
            Next i
            If   flag = 0 Then
                Combo1.AddItem Combo1.Text
            End If
        Else
            MsgBox "请选输入课程名称！"
        End If
End Sub

Private Sub Command2_Click()
        If   Combo1.ListIndex = -1 Then
            MsgBox "请选择要删除的课程"
        Else
            Combo1.RemoveItem Combo1.ListIndex
        End If
End Sub
```

```
Private Sub Command3_Click()
    End
End Sub

Private Sub Form_Load()
    Combo1.AddItem "操作系统"
    Combo1.AddItem "计算机网络"
    Combo1.AddItem "计算机基础"
    Combo1.AddItem "C 语言"
    Combo1.AddItem "网页制作"
    Combo1.AddItem "VB 程序设计"
    Combo1.AddItem "Flash 制作"
End Sub
```

【理论概括】（见表 3.23）

表 3.23

思　考　点	在实验后总结采用的方法
给组合框添加项目	
删除组合框中的选中项目	
对组合框添加项目时，若文本中未输入添加内容，本例所采用的方法	
要依次判别组合框中的项目是否补选中时，本例所采用的方法	

【仿制任务】

仿制 2：设计一个窗体，完成一个自我介绍的程序。要求在组合框中存放可供选择的信息，选择结果在文本框中显示。

操作步骤

步骤 1：用户界面的设计如图 3.18 所示。

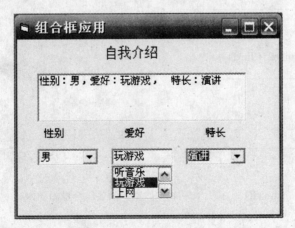

图 3.18

步骤 2：属性设置（如表 3.24 所示）。

表 3.24

对　　象	属　性	设　置　值
窗体（Form）	Name（名称）	Form1
	Caption	组合框应用
文本框 1（Text1）	Text	默认
标签 1（Label1）	Caption	自我介绍
标签 2（Label2）		
标签 3（Label3）		
标签 4（Label4）		
组合框 1（Combo1）	Style	2
	TooltipText	下拉列表框
组合框 2（Combo2）	Style	1
	TooltipText	
组合框 3（Combo3）	Style	
	TooltipText	下拉式组合框

步骤 3：事件与事件过程设计，请补充完整：

```
    Dim sex As String        '定义一个公共变量表示性别
    Sub infrefresh()         '自定义一个过程，用于更新文本框的内容
      If   Combo1.Text = "男" Then
        sex = ____
      Else
        sex = ____
      End If
      Text1.Text = _____
    End Sub


    Private Sub Combo1_Click()
    _____
    End Sub


    Private Sub Combo2_Click()
    _____
    End Sub


    Private Sub Combo3_Click()
    _____
    End Sub


    Private Sub Form_Load()         '初始化数据，给各组合框添加内容
        Combo1.AddItem "男"
        Combo1.AddItem "女"
        Combo1.Text = "女"
        With Combo2
         .AddItem "听音乐"
```

```
            .AddItem "玩游戏"
            .AddItem "上网"
            .AddItem "打羽毛球"
            .AddItem "看小说"
            .AddItem "旅游"
            .Text = "听音乐"
        End With
        With Combo3
            .AddItem "写作"
            .AddItem "编程"
            .AddItem "演讲"
            .AddItem "弹琴"
            .AddItem "书法"
            .AddItem "汉录"
            .Text = "写作"
        End With
        Text1.Text = "性别："+Combo1.Text+"，爱好："+Combo2.Text+"，特长：" + Combo3.Text
    End Sub
```

【模仿任务】

任务 3：设计一个程序，要求程序运行后，单击或拖动滚动条时，可改变标签的字号大小，同时在文本框中显示当前字号。

操作步骤

步骤 1：用户界面的设计（如图 3.19 所示）。

图 3.19

步骤 2：属性设置（如表 3.25 所示）。

表 3.25

对　象	属　性	设　置　值
窗体 1（Form）	Name（名称）	Form1
	Caption	字号调节器
标签 1（Label1）	Caption	欢迎使用 Visual Basic
	FontSize	8
标签 2（Label2）	Caption	字号调节器
标签 3（Label3）	Caption	当前字号值
文本框 1（Text1）	Text	默认
水平滚动条 1（Hscroll1）	Max	68
	Min	8

步骤 3：事件与事件过程设计，相关代码如下：

```
Private Sub HScroll1_Change()
    Label1.FontSize = HScroll1.Value
    Text1.Text = HScroll1.Value
End Sub
```

【仿制任务】

仿制 3：设计可调节字号及字体颜色的窗体，要求标签的字号及颜色都由滚动条来调节。

操作步骤

步骤 1：用户界面的设计（如图 3.20 所示）。

图 3.20

步骤 2：属性设置（如表 3.26 所示）。

表 3.26

对　　象	属　　性	设　置　值
窗体（Form）	Name（名称）	Form1
	Caption	
标签 1（Label1）	Caption	欢迎光临
标签 2（Label2）		字号
标签 3（Label3）		颜色
标签 4（颜色板）（Label4）		空
标签 5（Label5）	Caption	R
标签 6（Label6）	Caption	G
标签 7（Label7）	Caption	B
垂直滚动条 1（VScroll1）	Max	8
	Min	68
水平滚动条 1（HScroll1）	Max	255
	Min	0
水平滚动条 2（HScroll2）	Max	
	Min	
水平滚动条 3（Hscroll3）	Max	
	Min	

步骤 3：事件与事件过程设计，请补充完整：

```
Private Sub HScroll1_Change()        '改变调色板颜色
    Label4.BackColor = _____
    Label1.ForeColor = _____
```

```
        End Sub

        Private Sub HScroll2_Change()
            Label4.BackColor = _____
            Label1.ForeColor = _____
        End Sub

        Private Sub HScroll3_Change()
            Label4.BackColor = _____
            Label1.ForeColor = _____
        End Sub

        Private Sub VScroll1_Change()        ' 控制字体大小
            Text1.Text = _____
            Label1.FontSize = _____
        End Sub
```

【个性交流】

（1）组合框与列表框有何区别？

（2）试着用 With…EndWith 简化实现【模仿任务 1】中的初始化部分。

3.4.3　拓展知识

仿制 Word 中的字体对话框

在 Visual Basic 6.0 中提供了屏幕对象 Screen，该对象提供了 FontCount 属性和 Fonts 属性。FontCount 属性提供了可使用字模的数量，而 Fonts 属性提供了可使用字模的名称。在程序中，我们可以取出 Screen 对象所拥有的字模，这些字模就是所有的显示字模。利用这两个属性，我们可以完成模仿 Word 中字体对话框的制作。例如，要将当前系统提供的字体全部添加到 List1 列表框中，可采用下列程序完成：

```
    For  i = 0  To  Screen.FontCount-1    '确定字体数
        List1.AddItem  Screen.Fonts（i）            '把每一种字体放进列表框
    Next  i
```

案例　仿制 Word 中的字体对话框制作。

操作步骤

步骤 1：用户界面的设计（如图 3.21 所示）。

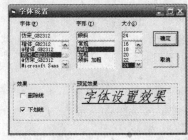

图 3.21

步骤 2：属性设置（如表 3.27 所示）。

表 3.27

对　象	属　性	设　置　值
窗体（From）	Name（名称）	Form1
	Caption	字体设置
标签 1（Label1）	Caption	字体（F）
标签 2（Label2）	Caption	字形（Y）
标签 3（Label3）	Caption	大小（S）
标签 4（Label4）	Caption	字体设置效果
组合框 1（Combo1）	Style	1
组合框 2（Combo2）	Style	1
组合框 3（Combo3）	Style	1
框架 1（Frame1）	Name（名称）	Frame1
	Caption	预览效果
框架 2（Frame2）	Name（名称）	Frame2
	Caption	效果
复选框 1（Check1）	Caption	删除线
复选框 2（Check2）	Caption	下划线

步骤 3：事件与事件过程设计，相关代码如下：

```
Private Sub Command1_Click()          ' 显示设置预览效果
    Label4.FontName = Combo1.Text
    Label4.FontSize = Combo3.Text
    If  Check1 Then
        Label4.FontStrikethru = True
    Else
        Label4.FontStrikethru = False
    End If
    If  Check2 Then
        Label4.FontUnderline = True
    Else
        Label4.FontUnderline = False
    End If
    If  Combo2.Text = "加粗" Then
        Label4.FontBold = True
    Else
        Label4.FontBold = False
    End If
    If  Combo2.Text = "倾斜" Then
        Label4.FontItalic = True
    Else
        Label4.FontItalic = False
    End If
    If  Combo2.Text = "倾斜 加粗" Then
        Label4.FontBold = True
```

```
                    Label4.FontItalic = True
            End If
            If    Combo2.Text = "常规" Then
                    Label4.FontBold = False
                    Label4.FontItalic = False
            End If
    End Sub

    Private Sub Command2_Click()          '恢复初始状态
            Label4.FontBold = False
            Label4.FontItalic = False
            Label4.FontName = "宋体"
            Label4.FontSize = 10
            Label4.FontStrikethru = False
            Label4.FontUnderline = False
    End Sub

    Private Sub Form_Load()               '初始化，装载系统字体
            For    i = 0 To Screen.FontCount - 1
                    Combo1.AddItem Screen.Fonts(i)
            Next
            Combo1.Text = "黑体"
            With Combo2
                    .AddItem "常规"
                    .AddItem "倾斜"
                    .AddItem "加粗"
                    .AddItem "倾斜 加粗"
                    .Text = "常规"
            End With
            With Combo3
            For i = 8 To 100 Step 2
              .AddItem i
            Next
             .Text = 8
            End With
    End Sub
```

【个性交流】

在此基础上增加字体颜色。

3.5　图形处理

3.5.1　预备知识

在实际应用中往往要求在窗体上显示图形信息，在 Visual Basic 6.0 中有两种专门实现显示图形信息的控件，即图片框控件（PictureBox）和图像框控件（Image）。

图片框控件（PictureBox）和图像框控件（Image）主要用于在窗体的指定位置显示图形信息。Visual Basic 6.0 支持 .bmp、.ico、.wmf、.emf、.jpg、.gif 等格式的图形文件。

3.5.1.1　图片框控件

图片框用于显示图形，还可以作为其他控件的容器，并支持图形方法和 Print 方法。

1．常用属性

（1）Picture 属性

存储要在图片框中显示的图形。图片框中显示的图片由 Picture 属性决定。图形文件可以在设计阶段装入，也可以在运行期间装入。

- 在设计阶段装入：从属性窗口中的 Picture 属性装入图形文件。
- 在运行期间装入：可用一个函数 LoadPicture 来实现。LoadPicture 格式如下：

```
对象名.Picture=LoadPicture([filename])
```

图片框中可以显示的图形类型有位图文件(.bmp)、图标文件(.ico)、Windows 元文件(.wmf)、JPEG 文件以及 GIF 文件等。

此外，设计时还可以通过剪贴板来设置 Picture 属性，即将其他应用程序创建的图形复制到剪贴板中，然后从窗体中选择图片框，再按 Ctrl+V 组合键将剪贴板中保存的图形粘贴到图片框中。

（2）AutoSize 属性

该属性决定控件是否自动改变大小以显示图像全部内容。默认值为 False，此时保持控件大小不变，超出控件区域的内容被裁减掉；若值为 True 时，自动改变控件大小以显示图片全部内容（注意：不是改变图形大小）。

2．图形方法和 Print 方法

在图片框中可以用图形方法绘制图形。如用以下语句调用 Circle 方法在图片框中绘制一个圆：

```
Picture1.AutoReDraw=True
Picture1.Circle(800,600) , 1200
```

同样，也可以用 Print 方法在图片框中显示文本。例如：

```
Picture1.AutoReDraw=True
Picture1.Print "显示文本"
```

3.5.1.2　图像框控件

图像框用于显示图形，可显示的图形类型有位图文件、图标文件、Windows 元文件、JPEG 文件和 GIF 文件。与图片框不同的是，图像框不能作为容器，也不支持图形方法和 Print 方法，但图像框响应 Click()事件，可以用图像框来代替命令按钮或作为工具栏中的按钮。

图像框常用属性有 Picture 和 Stretch。

Picture 属性：与图片框类似，可在设计或运行时加载。

Stretch 属性：当该属性的取值为 False 时，图像控件将自动改变大小以与图形的大小相适应；当其值为 True 时，显示在控件中的图像的大小将完全适合于控件的大小，这时，图片可能会变形。

Stretch 属性与图片框的 Autosize 属性不同，Autosize 属性能调整图片框的大小来适应图

形，但不能改变图形的大小来适应图片框。

此外，图片框和图像框还有 Name、Top、Left、Height、Width、BorderStyle、Enabled 和 Visible 等常用属性。

3.5.1.3　计时器控件

计时器又称时钟控件（Timer）、定时器控件，用于有规律地定时执行指定的工作，适合编写不需要与用户进行交互就可直接执行的代码，如计时、倒计时、动画等。在程序运行阶段，时钟控件不可见。

计时器的常用属性有：

（1）Interval 属性：该属性用来决定两次调用定时器的间隔，以 ms 为单位，取值范围为 0～65 535，所以最大时间间隔不能超过 66s，该属性的默认值为 0，即定时器控件不起作用。如果希望每秒产生 n 个事件，则应设置属性 Interval 的值为 $1000/n$（如两秒变化一次，则设计该属性为 2000）。

（2）Enabled 属性：默认为 True，无论何时，只要时钟控件的 Enabled 属性被设置为 True，而且 Interval 属性值大于 0，则计时器开始工作（以 Interval 属性值为间隔，触发 Timer 事件）。

通过把 Enabled 属性设置为 False 可使时钟控件无效，即计时器停止工作。

时钟控件只能响应 Timer 事件，当 Enabled 属性值为 True 且 Interval 属性值大于 0 时，该事件以 Interval 属性指定的时间间隔发生，需要定时执行的操作即放在该事件过程中完成。

3.5.1.4　Visual Basic 6.0 中图形的坐标系统

Visual Basic 6.0 的坐标系统是指在绘图时使用的绘图区或容器的坐标系统。坐标系统是一个二维的网格，可定义在屏幕（screen）、窗体（form）或容器（container）中（如图片框或 Pinter 对象）的位置。使用窗体中的坐标，可定义在网格的位置 (x, y)。其中，x 值是沿 x 轴点的位置，最左端是默认位置 0。y 值是沿 y 轴点的位置，最上端是默认位置 0。该坐标系统如图 3.22 所示。

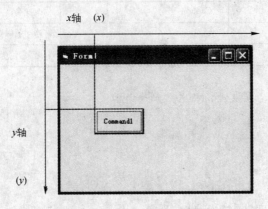

图 3.22　窗体的坐标系统

在 Visual Basic 6.0 坐标系中，沿坐标轴定义位置的测量单位，统称为刻度，坐标系统的每个轴都有自己的刻度。坐标轴的方向、起点和刻度都是可变的，坐标系统的创建可参考有关书籍，这里不再赘述。

3.5.2　实训 6——简单动画

【模仿任务】

任务 1：将一个图形文件放到图像框中，改变图像框的大小及移动图像框。

操作步骤

步骤 1：用户界面的设计（如图 3.23 所示）。

图 3.23

步骤 2：属性设置（如表 3.28 所示）。

表 3.28　模仿—对象属性设置

对　　象	属　　性	设　置　值
窗体（Form）	Name（名称）	Form1
	Caption	图像框使用
图像框（Image1）	Stretch	True
命令按钮 1（Command1）	Caption	改变宽度
命令按钮 2（Command2）	Caption	改变高度
命令按钮 3（Command3）	Caption	移动图像框
命令按钮 4（Command4）	Caption	退出

步骤 3：事件与事件过程设计，相关代码如下：

```
Private Sub Command1_Click()                '改变宽度
    Image1.Width = Image1.Width + 10
End Sub

Private Sub Command2_Click()
    Image1.Height = Image1.Height + 10       '改变高度
End Sub

Private Sub Command3_Click()                 '使图像从左向右移动
    i = 0
```

```
        Do
            Image1.Left = i
            i = i + 100: For j = 1 To 1000000: Next
        Loop Until i >= Form1.Width
    End Sub

    Private Sub Command4_Click()
        End
    End Sub

    Private Sub Form_Load()                    ' 初始化,装载图像
        Image1.Picture = LoadPicture(App.Path & "\k.jpg")
    End Sub
```

 注意：本例中的 Form_Load()事件可在界面设计中完成。

【理论概括】（见表 3.29）

表 3.29

思 考 点	实 现 方 法
图像框变大	
图像框移动（从左到右）	
图像框移动时的延时	
图像框载入图像	

【模仿任务】

任务 2：利用时钟控件和图像框控件制作一个眨眼睛的动画，要求眨眼的速度由滚动条控制。

操作步骤

步骤 1：用户界面的设计（如图 3.25 所示）。

图 3.24

步骤 2：属性设置（如表 3.30 所示）。

表 3.30

对　　象	属　　性	设　置　值
窗体（Form）	Name（名称）	Form1
	Caption	动画
图像框（Image1）	Stretch	False
标签（Label1）	Caption	改变速度
滚动条（HScroll1）	Min	0
	Max	960
时钟（Timer1）	Enable	False
	Interval	1000
命令按钮（Command1）	Caption	开始

步骤 3： 事件与事件过程设计，相关代码如下：

```
Private Sub Command1_Click()              '启动时钟定时器
    Timer1.Enabled = True
End Sub

Private Sub HScroll1_Change()             '改变时钟变化间隔
    Timer1.Interval = 1000 - HScroll1.Value
End Sub

Private Sub Timer1_Timer()                '时钟每变化一次,图像框中图形更改一次
    Static i As Integer
    If   i = 0 Then
      Image1.Picture = LoadPicture("2.ico")
      i = 1
    Else
      Image1.Picture = LoadPicture("1.ico")
      i = 0
    End If
End Sub
```

【理论概括】（见表 3.31）

表 3.31

思　考　点	实　现　方　法
时钟的启动	
眨眼的速度	
睁眼和闭睛之间的轮换	

【仿制任务】

仿制 1：设计一个动画，将字幕不停地从窗体左边移动到右边。

操作步骤

步骤 1：用户界面的设计（如图 3.25 所示）。

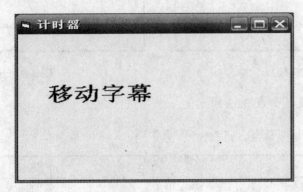

图 3.25

步骤 2：属性设置见表 3.32 所示，请补充完整。

表 3.32

对　　象	属　　性	设　置　值
窗体（Form）	Name（名称）	Form1
	Caption	
标签（Label1）	Caption	
定时器（Timer1）	Interval	40

步骤 3：事件与事件过程设计，请补充完整：

```
Private Sub Timer1_Timer()
_____
If   Label1.Left >= Form1.Width Then Label1.Left = -Label1.Width
End Sub
```

【个性交流】

（1）若字幕从右向左不断移动时，应如何修改程序。

（2）在本题基础上制作气球不断上升的动画。

【仿制任务】

仿制 2：设计一个动画，一个红色的小球不断从左向右跳动，当到达窗体最右边时，又从右向左跳动。小球跳动的高度随机产生。

操作步骤

步骤 1：用户界面的设计（如图 3.26 所示）。

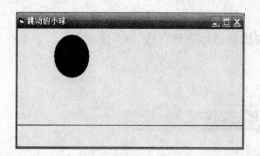

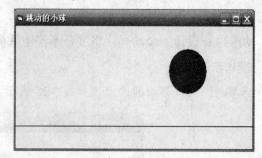

图 3.26（a）   图 3.26（b）

步骤 2：属性设置（如表 3.33 所示）。

表 3.33

对　　象	属　　性	设　置　值
窗体（Form）	Name（名称）	Form1
		跳动的小球
直线控件（Line1）	BorderWidth	1
形状控件（Shape1）	BackColor	红色
	Shape	
定时器（Timer1）		200

步骤 3：事件与事件过程设计，根据给出的程序补充完整：

```
Private Sub Timer1_Timer()
    i = Int(Rnd * 2001)
    If   i <= (Line1.Y1 - Shape1.Height) Then
        Shape1.Top = _____
    Else
        Shape1.Top = Line1.Y1 - Shape1.Height
    End If
    Static a%
    If   (a<Shape1.Left And Shape1.Left+Shape1.Width<=Form1.Width) Or Shape1.Left<0 Then
        a = Shape1.Left
        Shape1.Left = Shape1.Left + 300
    Else
        a = _____
        Shape1.Left = _____
    End If
End Sub
```

【个性交流】

通过实验总结一下，如何利用时钟控件实现动画功能。

3.5.3　拓展知识

图片框与图像框只能将图片显示在窗体上，而不能按用户自己的意愿绘制图形。为了满足用户这一需求，Visual Basic 6.0 提供了绘制图形的基本工具，可以直接画点、圆、直线、矩形、方形等。下面就介绍相关的控件及绘图方法。

3.5.3.1　绘图控件

1. 直线控件（Line）

直线控件可以完成各种直线的绘制，其主要属性有：

BorderStyle：用来指定直线的类型，有以下 7 种：

　　0——Transparent，透明的，即不显示实线。

　　1——Solid，实线。

　　2——Dash，虚线。

　　3——Dot，点线。

　　4——Dash-Dot，点画线。

　　5——Dash-Dot-Dot，双点画线。

　　6——Inside Solid，内实线。

只有当 BorderWidth 为 1 时才可以用以上 7 种类型的线，如果 BorderWidth 不为 1，则上述 7 种类型只有 0 和 6 有效。

BorderWidth：设置线宽。

BorderColor：设置颜色。

$X1$, $X2$, $Y1$, $Y2$：指定直线起点和终点的 X 坐标及 Y 坐标。可以通过它们的值来改变线的位置。

2. 形状控件（Shape）

形状控件（Shape）可以方便地画出矩形、正方形、圆、椭圆等简单的几何图形。形状控件的常用属性有：

Shape：选择图形种类。默认值为 0（矩形）。

　　0——Rectangle，矩形。

　　1——Square，正方形。

　　2——Oval，椭圆形。

　　3——Circle，圆形。

　　4——Rounded Rectangle，圆角矩形。

　　5——Rounded Square，圆角正方形。

FillStyle：填充线条种类。共有 8 种类型。

　　0——Solid，实心。

　　1——Transparent，透明。

　　2——Horizontal Line，水平线。

　　3——Vertical Line，垂直线。

　　4——UpWard Diagonal，向上对角线。

5——DownWard Diagonal，向下对角线。

6——Cross，交叉线。

7——Diagonal Cross，对角交叉线。

此外，形状控件还有 BorderStyle、BorderWidth 和 BorderColor 等多种属性。

3.5.3.2　绘图的方法

除用绘图控件完成简单的图形外，还可采用相应的绘图方法完成图形的绘制。

1．Pset 方法

用 Pset 方法能够在屏幕上画出一个点。Pset 方法的格式：

　　[对象名.] Pset(x,y) [,颜色]、

其中，对象名是指窗体、图片框等，默认指窗体。

例如：Pset(2000,2000) 表示在窗体上(2000,2000)处画出一个点。

Picture1.Pset (1500,1000)表示在图片框 Picture1 中(1500,1000)处画一个点。画点的颜色可以用 RGB 函数指定。例如：Pset(3000,2000)，RGB(255,0,0)表示在指定位置画一个红点。颜色可用 RGB 函数，也可用 QBColor 函数。它们对应的颜色见表 3.34 和表 3.35。

表 3.34　RGB 颜色效果

RGB 函 数	颜　　色
RGB(0,0,0)	黑色
RGB(255,0,0)	红色
RGB(0,255,0)	绿色
RGB(0,0,255)	蓝色
RGB(0,255,255)	青蓝色
RGB(255,0,255)	紫红色
RGB(255,255,0)	黄色
RGB(255,255,255)	白色

表 3.35　QBColor 函数颜色效果

QBColor(i)	颜　　色	QBColor(i)	颜　　色
0	黑色	8	灰色
1	蓝色	9	亮蓝色
2	绿色	10	亮绿色
3	青色	11	亮青色
4	红色	12	亮红色
5	粉红色	13	亮粉红色
6	黄色	14	亮黄色
7	白色	15	亮白色

例如，在窗体上随机画 3000 个彩色的点，可用下列程序完成：

```
Private Sub Form_Click()
  For i =1 to 3000
    r=Int(256*Rnd)
    g=Int(256*Rnd)
    b=Int(256*Rnd)
    x=Rnd*Width
    y=Rnd*Height
```

```
        Pset(x,y),RGB(r,g,b)
     Next
  End Sub
```

2．Line 方法

用 Line 方法可在两点之间绘制一条直线。Line 的格式：

[对象.]Line[[Step](x1,y1)]-[Step](x2,y2)[,颜色]

其中，对象是指窗体、图片框等，默认指窗体。第一个 Step 后面的一对坐标是指相对于当前坐标的偏移量，第二个 Step 后面的一对坐标是相对于第一对坐标的偏移量。例如：

Line(500,300)-(3000,2000),QBColor(12)　'表示在两坐标之间画一条红色直线

Line(100,500)-Step(1000,350)　　　　　　'表示在(100,500)和(1100,850)之间画一条直线

Line Step(200,200)-Step(800,1000)　　　　'若执行当前命令时，坐标在(1000,800)位置，则该命令表示在(1000+200,800+200)即(1200,1000)到(1200+800,1000+1000)即(2000,2000)之间画一条直线。

3．Circle 方法

用 Circle 方法可以绘制出圆、椭圆、圆弧及扇形。

画圆格式：

[对象.]Circle [Step](x,y),半径[，颜色]

对象指窗体、图片框等，Step 后面一对数字表示相对于当前坐标的位移量。

例如：Circle (500,1200),500,QBColor(4)表示画一个半径为 500 的红色圆。

画椭圆格式：

[对象.]Circle[Step](x,y),[颜色]，，，纵横比

其中，纵横比决定了椭圆的形状，当纵横比的值大于 1，绘制的椭圆为细而高的形状；当纵横比的值小于 1，绘制出的椭圆是扁平状；当纵横比等于 1，绘制出一个圆。

例如：Circle(1000,1200),800,QBColor(3),,,2　　　'尖椭圆

　　　Circle(800,500),800,,,,0.5　　　'扁椭圆

画圆弧格式：

[对象.]Circle[Step](x,y),半径[，颜色][，起始角][，终止角]

Visual Basic 6.0 规定，从起始角 0°开始按逆时针方向画圆弧直到终止角结束。如图 3.27 所示。例如：

```
Circle(2500,200,),1000,,3.1419/2,0
Circle Step(200,200),800,,-1,-4
Circle(800,900),500,QBColor(4),0.5,-2.9
```

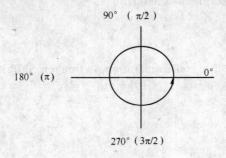

图 3.27

案例：制作简易绘图板

操作步骤

步骤 1：用户界面的设计（如图 3.28 所示）。

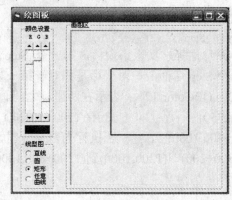

图 3.28

步骤 2：属性设置。

根据提供的界面，自己确定控件及属性设置。

步骤 3：事件与事件过程设计，相关代码如下：

```
Dim x1, y1 As Integer
Dim flag As Integer
Dim flag2 As Integer
Dim color As ColorConstants
Dim cr, cg, cb As Integer

Private Sub Form_Load()
    flag = 0
    flag2 = 0
    Option1(0) = True
    cr = 0
    cg = 0
    cb = 0
    Call chgcolor
End Sub

Private Sub Option1_Click(Index As Integer)
    flag = Index
End Sub

Private Sub Picture1_MouseDown(Button As Integer, Shift As Integer, x As Single, y As Single)
                              '图片框中按下鼠标
        flag2 = 1
        x1 = x
        y1 = y
        If   flag = 3 Then
        Picture1.Cls
```

```
          Picture1.PSet (x1, y1), color
        End If
    End Sub.

    Sub drawzhixian(x, y)                    ' 画直线过程
        Picture1.Line (x1, y1)-(x, y), color
    End Sub

    Sub drawyuan(x, y)                       ' 画圆过程
      r1 = Math.Sqr((y1 - y) ^ 2 + (x1 - x) ^ 2) / 2
      If  x1 > x Then
        X2 = (x1 - x) / 2 + x
        Else
        X2 = (x - x1) / 2 + x1
      End If
      If  y1 > y Then
        Y2 = (y1 - y) / 2 + y
        Else
        Y2 = (y - y1) / 2 + y1
      End If
        Picture1.Circle (X2, Y2), r1, color
    End Sub

    Sub drawjuxing(x, y)                     ' 画矩形过程
        Picture1.Line (x1, y1)-(x, y1), color
        Picture1.Line -(x, y), color
        Picture1.Line -(x1, y), color
        Picture1.Line -(x1, y1), color
    End Sub

    Sub drawquxian(x, y)                     ' 画曲线过程
        Picture1.Line -(x, y), color
    End Sub

    Private Sub Picture1_MouseMove(Button As Integer, Shift As Integer, x As Single, y As
Single)                                      ' 图片框中鼠标移动
      If  flag2 = 1 Then
      Select Case flag
        Case 0
          Picture1.Cls
          Call drawzhixian(x, y)
        Case 1
          Picture1.Cls
          Call drawyuan(x, y)
        Case 2
          Picture1.Cls
          Call drawjuxing(x, y)
```

```
        Case 3
           Call drawquxian(x, y)
        End Select
      End If
   End Sub

   Private Sub Picture1_MouseUp(Button As Integer, Shift As Integer, x As Single, y As
Single)                                    '图片框中释放鼠标
        flag2 = 0
   End Sub
   Sub chgcolor()                              '改变颜色
      Label4.BackColor = RGB(cr, cg, cb)
      color = RGB(cr, cg, cb)
   End Sub

   Private Sub VScroll1_Change()
      cr = VScroll1.Value
      Call chgcolor
   End Sub

   Private Sub VScroll2_Change()
      cg = VScroll2.Value
      Call chgcolor
   End Sub

   Private Sub VScroll3_Change()
      cb = VScroll3.Value
      Call chgcolor
   End Sub
```

3.5.3.3 过程

在 Visual Basic 6.0 中，除了系统提供的内部函数过程和事件过程外，用户可自定义过程，Sub 过程就是其中一种。Sub 过程在 Visual Basic 6.0 中的 Sub 子过程分为：事件过程和通用过程。

1. 事件过程（事件触发过程）

```
Private Sub 控件名_事件名(参数列表)
    <语句组>
End Sub
```

2. 通用过程：即由其他过程调用的过程，所以也称为通用过程

通用过程必须由用户创建，它与其他事件没有直接联系，可以存储在窗体或标准模块中。

定义一般形式如下：

```
[Public|Private] [Static]Sub 子过程名[（参数列表）]
    <语句>
    [Exit  Sub]
End  Sub
```

说明：

① 默认类型为公用型。

② 参数列表：为形式参数，当有多个时用逗号分隔。由调动该过程的过程给出其实际值（称为实参）。

形参表列表的定义格式：

> [ByVal] 变量名[()] [As 类型][, [ByVal] 变量名[()][As 类型]...

ByVal：是传送实参的值，不传送地址，所以不改变原始地址中的内容；若不带 ByVal 则为地址传送，它将改变地址中的原始值。

例 1：编一个交换两个整型变量值的子过程。

```
Private Sub Swap( X As Integer, Y As Integer)
    Dim temp As Integer
    Temp=X : X=Y : Y=Temp
End Sub
```

3．过程的调用

要执行一个过程，必须调用该过程。

子过程的调用有两种方式：一种是利用 Call 语句调用；另一种是把过程名作为一个语句来直接调用。

（1）用 Call 语句调用 Sub 过程

格式：

> Call　过程名[（参数列表）]

例 2：单击窗体后从键盘输入一个半径，要求输出圆周长。

```
Sub yuanlong （r%）                       ' 定义一个求圆周长的子过程
    L=3.14*r^2
    Print "L=";L
End Sub

Private Sub Form_Click()
n% = Val(InputBox("请输入圆半径"))
Call yuanlong(n)                          ' 调用 yuanlong 过程
End Sub
```

（2）把过程名作为一个语句来使用

格式：

> 过程名[参数列表]

与第一种调用方法相比，这种调用方式省略了关键字 Call，去掉了"参数列表"的括号。如上例就将显示为：yuanlong n

💡 **注意**：调用子程序时，当遇到 Exit Sub 则返回到它的调用处，否则，则执行到 End Sub 时才返回到它的调用处。

如上例调用时，当输入的半径<0 时，则不必计算周长。

```
Sub yuanlong （r%）
    If r<=0 then exit Sub
    L=3.14*r^2
    Print "L=";L
End Sub
```

习题 3

一、选择题

1. 下列事件中，（　　）事件不可能在窗体对象中发生。

 A. Load   B. Change   C. Click   D. Dbclick

2. 可以唯一区分不同窗体属性的是（　　）。

 A. Name   B. Text   C. Caption   D. Tag

3. 决定一个窗体有无控制菜单的属性是（　　）。

 A. MinButton   B. Caption   C. MaxButton   D. ControlBox

4. 设置（　　）属性的值可改变窗体的标题内容。

 A. Name   B. FontName   C. Caption   D. Text

5. 能够改变窗体边框线类型的属性是（　　）。

 A. FontStyle   B. BorderStyle   C. BackStyle   D. Border

6. 要把一个命令按钮设置为有效或无效，应设置（　　）属性的值。

 A. Visible   B. Enabled   C. Default   D. Cancel

7. 要使一个命令按钮成为图形命令按钮，应设置（　　）属性值。

 A. Picture   B. Style   C. DownPicture   D. DisabledPicture

8. 要使一个文本框具有水平和垂直滚动条，应先将其 MultiLine 属性设置为 True，然后再将 ScrollBar 属性设置为（　　）。

 A. 0   B. 1   C. 2   D. 3

9. 要使文本框获得输入焦点，应采用文本框控件的（　　）方法。

 A. GotFocus   B. LostFocus   C. KeyPress   D. SetFocus

10. （　　）属性可以获得文本框中被选取的文本内容。

 A. Text   B. Length   C. SelText   D. SekStart

11. 要使标签能够显示所需要的文本，就在程序中设置（　　）属性的值。

 A. Caption   B. Text   C. Name   D. AutoSize

12. 要使标签中的文本靠右显示，应将其 Alignment 属性设置为（　　）。

 A. 0   B. 1   C. 2   D. 3

13. 要使标签所在处显示透明背景，应将其 Backstyle 属性设置为（　　）。

 A. 0   B. 1   C. True   D. False

14. 设置复选框或单选按钮的标题对齐方式的属性是（　　）。

 A. Align   B. Style   C. Sorted   D. Alignment

15. 为了能在列表框中用 Ctrl 键和 Shift 键进行多个列表项的选择，就将其 Multiselect 属性设置为（　　）。

 A. 0   B. 1   C. 2   D. 3

16. 在列表框中，当前选中列表项的序号由（　　）属性表示。

 A. List   B. Index   C. Listindex   D. Tabindex

17. 要清除列表框中的所有列表项，应使用（　　）方法。

A. Remove　　　　B. Clear　　　　　C. Removeitem　　　　D.Move

18. 单击滚动条的滚动箭头时，将产生（　　）事件。

A. Click　　　　　B. Scroll　　　　　C. Change　　　　　D. Move

19. 要将一个组合框设置为下拉式组合框，应将其 Style 属性设置为（　　）。

A. 0　　　　　　　B. 1　　　　　　　C. 2　　　　　　　D. 3

20. 要使定时器控件每隔 5s 产生一个 Timer 事件，Interval 属性值设置为（　）。

A. 5　　　　　　　B. 500　　　　　　C. 300　　　　　　D. 5000

二、填空题

1. 若在一个工程中有 2 个窗体，每个窗体中有 4 个控件，则第一次保存该工程时必须保存＿＿＿＿个文件。

2. 列表框控件的 Listcount 属性给出了＿＿＿＿。

3. 一般情况下，提示用户信息，采用＿＿＿＿控件。显示用户信息采用＿＿＿＿控件。

4. 若要求时钟控件每 0.5min 发生一个 Timer 事件，则 Interval 值为＿＿＿＿。

5. 从多个选项中选择一个选项，可用＿＿＿＿控件；选择多个，可用＿＿＿＿控件。

6. 窗体、图片框和图像框中的图形可通过＿＿＿＿属性来设置。

7. 组合框有 3 种不同的类型，分别是＿＿＿＿、＿＿＿＿和＿＿＿＿，分别通过将＿＿＿＿属性设置为＿＿＿＿、＿＿＿＿和＿＿＿＿来实现。

8. 控件分类可用＿＿＿＿实现。

9. 用＿＿＿＿方法可向列表框或组合框添加一个项目。

10. 定时器的功能是＿＿＿＿＿＿＿＿＿＿＿＿＿。

三、操作题

1. 在名称为 Form1 的窗体上建立两个名称分别为 Cmd1 和 Cmd2，标题分别为"输入"和"连接"的命令按钮（如图 3.30（a）、（b）所示）。要求程序运行后，单击"输入"按钮，就可通过输入对话框输入两个字符串，存入字符串变量 a、b 中（a、b 应定义为窗体变量），如果单击"连接"按钮，则把两个字符串连接为一个字符串（顺序不限）并在信息框中显示出来（在程序中不得使用任何其他变量）。

图 3.30（a）

图 3.30（b）

2. 按下图设计工程文件，窗体中有一个文本框，名称为 Text1；请在窗体上画两个框架，名称分别为 F1、F2，标题分别为"性别"、"身份"；在 F1 中画两个单选按钮 Op1、Op2，标题分别为"男"、"女"；在 F2 中画两个单选按钮 Op3、Op4，标题分别为"学生"、"教师"；再画一个命令按钮，名称为 C1，标题为"确定"，如图 3.31 所示。请编写适当的事件过程，使之运行，在 F1、F2 中各选一个单选按钮，然后单击"确定"按钮，就可以按照下表所示把结果显示在文本框中。

性　别	身　份	在文本框中显示的内容
男	学生	我是男学生
男	教师	我是男教师
女	学生	我是女学生
女	教师	我是女教师

图 3.31

3．如图 3.32 所示布局窗体，在窗体上画三个文本框，三个标签框，两个命令按钮，窗体标题为"画圆"。编写适当程序，在右上角文本框中输入一个圆半径 R 值，单击"画圆"按钮后，就在窗体上画一个以（1000，1000）为中心，R 为半径的圆。单击"计算"按钮后，在下方两个文本框中分别显示该圆的周长和面积。程序运行结果如图 3.32 所示。

4．在名称为 Form1 的窗体上放置两个列表框，名称分别为 List1 和 List2。在 List1 中添加"第一题"、"第二题"、…、"第八题"，并设置 MultiSelect 属性为 2（要求在控件属性中设置实现）。再放置一个名称为 Cmd1，标题为"复制"的命令按钮。程序运行后，如果单击"复制"按钮，将 List1 中选中的内容（至少两项）复制到 List2 中。如果选择的项数少于两项，用消息框提示"请选择至少两项"。程序运行结果如图 3.33 所示。

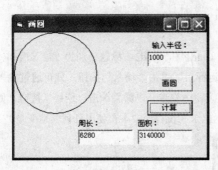

图 3.32

图 3.33

5．创建一个数字时钟。要求在窗体上显示一个动态变化的数字时钟。结果如图 3.34 所示。

图 3.34

6. 创建一个登录窗口。程序运行时，在文本框中输入密码，单击"确定"按钮后，若密码正确则进入下一个系统窗体；否则清除文本框，使焦点重新定位于文本框，由消息框提示重新输入密码。单击"清除"按钮后，清除文本框，使焦点重新定位于文本框，等待输入密码。结果如图 3.35（a）～（c）所示。

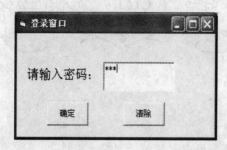

图 3.35（a）

图 3.35（b）

图 3.35（c）

7. 利用绘图方法创建下列五环图，要求单击窗体完成。结果如图 3.36 所示。

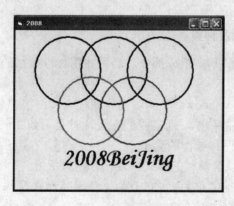

图 3.36

第4章 用户界面设计

本章学习要点

1. 掌握菜单编辑器的使用。
2. 学会设计下拉式菜单和弹出式菜单。
3. 掌握工具栏和状态栏的创建和使用方法。
4. 掌握通用对话框的使用。
5. 学会设计 MDI 窗体。

用户界面是一个应用程序中最重要的部分。通过本章的学习，应能设计出含有菜单、工具栏、状态栏的多文档用户界面的应用程序。

4.1 菜单的设计

4.1.1 预备知识

4.1.1.1 认识菜单结构及种类

菜单是 Windows 窗口的基本组成部分，通常在窗体标题栏的下方，菜单中包含各种命令的集合。

Visual Basic 6.0 作为 Windows 下的可视化编程工具，很容易实现菜单的设计。Visual Basic 6.0 允许创建多达 6 级的菜单，通常我们在设计时会用到 2～3 级。

Visual Basic 6.0 可设计两种类型的菜单：

（1）下拉式菜单：常以菜单栏的形式出现在标题栏下方。

（2）弹出式菜单（快捷菜单）：独立于菜单栏而显示在窗体上的浮动菜单，其菜单项取决于按下鼠标右键时指针所指定的对象。

4.1.1.2 菜单编辑器的组成

在 Visual Basic 6.0 中用"菜单编辑器"可以创建新的菜单和菜单栏、在已有的菜单上增加新命令、用自己的命令来替换已有的菜单命令，以及修改和删除已有的菜单和菜单栏。

在 Visual Basic 6.0 中设计菜单前，先要打开"菜单编辑器"，如图 4.1 所示。

方法一：

在 Visual Basic 6.0 的菜单栏中选择"工具"→"菜单编辑器"命令，弹出"菜单编辑器"对话框。

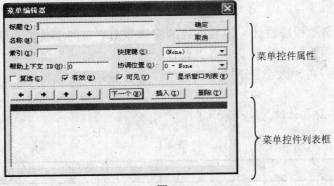

图 4.1

方法二:

用鼠标右键单击窗体,在出现的弹出式菜单中选择"菜单编辑器"命令,也可弹出"菜单编辑器"对话框。

标题:用于输入菜单或菜单项上显示的文本。

名称:用于设置在代码中引用该菜单项的名称。

快捷键:用于为菜单项选择快捷键。例如,"复制"的快捷键为 Ctrl+C。

"←"按钮:将选定的菜单项左移一个等级,减少一组"...."。

"→"按钮:将选定的菜单项右移一个等级,增加一组"...."。

"↑"按钮:将选中的菜单目录向上移动。

"↓"按钮:将选中的菜单目录向下移动。

"下一个"按钮:用于选择菜单项或新建一个菜单项。

"插入"按钮:用于在当前菜单项之前插入一个菜单。

"删除"按钮:删除当前选中的菜单项。

有效:此选项可决定是否让菜单项对事件做出响应,如果希望该项失效并模糊显示,则也可清除事件。

可见:将菜单项显示在菜单上。

4.1.2 实训 1——菜单设计和控制

【模仿任务】

任务 1:编写"菜单设计"小程序,如图 4.2 所示。

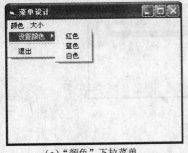

(a)"颜色"下拉菜单

(b)"大小"下拉菜单

图 4.2

1. 任务分析

本任务将学习菜单程序设计，需要设计的窗体界面中有两个菜单，分别是"颜色"和"大小"。其中，"颜色"下拉菜单中有"设置颜色"和"退出"菜单项，可通过选择颜色来描绘窗体和退出程序；"大小"下拉菜单也可以用来改变窗体的大小。

2. 操作步骤

步骤 1：用户界面属性设置（如表 4.1）。

表 4.1

对　　象	属　　性	属　性　值
窗体（Form1）	Name（名称）	Frmex4_1
	Caption	菜单设计

步骤 2：启动"菜单编辑器"，并完成菜单设计。

按表 4.2 所示设计菜单。建立菜单和菜单项后的菜单编辑器如图 4.3 所示。

表 4.2

菜单项类别	标　　题	名　　称
主菜单	颜色	mnucolors
第一级子菜单	设置颜色	mnusetcolor
第二级子菜单	红色	mnured
	蓝色	mnublue
	白色	mnuwhite
	—	mnu_
第一级子菜单	退出	mnuexit
主菜单	大小	mnusize
第一级子菜单	最大化	mnularge
	还原	mnudeox

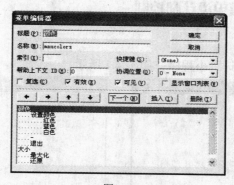

图 4.3

 注意：

添加分隔线：在菜单编辑器的"标题"框中输入一个连字符（-）。分隔线本身不是菜单项，它仅仅起到分隔菜单项的作用。它不能带有子菜单项，不能设置"复选"、"有效"等属性，也不能设置快捷键。

步骤 3：事件和事件过程设计。

```
Private Sub Form_Load()
        mnudeox.Enabled = False
End Sub

Private Sub mnured_Click()
        Frmex4_1.BackColor = vbRed        '窗体颜色变为红色
        mnured.Enabled = False            '禁用"红色"子菜单项
        mnublue.Enabled = True            '启用"蓝色"子菜单项
        mnuwhite.Enabled = True           '启用"白色"子菜单项
End Sub

Private Sub mnublue_Click()
        Frmex4_1.BackColor = vbBlue
        mnublue.Enabled = False
        mnured.Enabled = True
        mnuwhite.Enabled = True
End Sub

Private Sub mnuwhite_Click()
        Frmex4_1.BackColor = vbWhite
        mnuwhite.Enabled = False
        mnured.Enabled = True
        mnublue.Enabled = True
End Sub

Private Sub mnularge_Click()
        Frmex4_1.WindowState = 2                    '窗体最大化
        mnularge.Enabled = False
        mnudeox.Enabled = True
End Sub

Private Sub mnudeox_Click()
        Frmex4_1.WindowState = 0          '将窗体还原
        mnudeox.Enabled = False
        mnularge.Enabled = True
End Sub

Private Sub mnuexit_Click()
        Unload Frmex4_1
End Sub
```

任务 2：编写"简单文本编辑器"小程序，如图 **4.4** 所示。

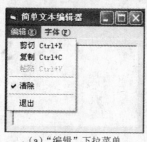
（a）"编辑"下拉菜单

（b）"字体"下拉菜单

图 4.4

1．任务分析

本任务需要用 1 个 RichTextBox 控件和 1 个菜单编辑器。程序设计要求是当"简单文本编辑器"程序运行时，程序能在 RichTextBox 控件文本框内输入文字，单击菜单中基本命令能执行相关简单文本编辑功能。

2．操作步骤

步骤 1：在窗体中添加 RichTextBox 控件。

在工具箱的空白处单击鼠标右键，弹出快捷菜单，在快捷菜单中选择"部件"，打开"部件"对话框，在"控件"选项卡中选中"Microsoft Rich TextBox Control 6.0"，单击"确定"按钮，即可在常用工具箱中添加此控件，并按表 4.3 所示设置窗体上各对象的属性。

表 4.3

对 象	属 性	属 性 值
窗体（Form1）	Name（名称）	Frmex4_2
	Caption	简单文本编辑器
RichTextBox	Name（名称）	exinput
	Text	置空

步骤 2：按表 4.4 所示，设计菜单。建立菜单项后的菜单编辑器如图 4.5 所示。

表 4.4

菜单项类别	标 题	名 称	快 捷 键
主菜单	编辑（&E）	mnuedit	
第一级子菜单	剪切	mnucut	Ctrl+X
	复制	mnucopy	Ctrl+C
	粘贴	mnupaste	Ctrl+V
	—	mnu1	
	清除	mnucls	
	—	mnu2	
	退出	mnuexit	
主菜单	字体（&F）	mnufont	
第一级子菜单	加粗	mnubold	
	倾斜	mnuitalic	
	下画线	mnuul	

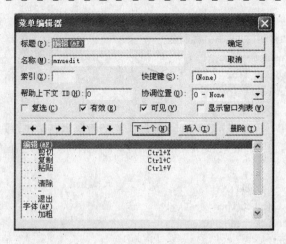

图 4.5

💡 **注意：**

符号 "&" 的作用：在设计菜单时，若某个字母前面有符号 "&"，则当程序运行时，在菜单项上&后面的字母底部会出现一条下画线。使用这种访问键时，用户同时按下 Alt 键和标有下画线的字母，就能打开相应的菜单项。例如，用 Alt+E 组合键打开 "编辑（E）" 菜单。如果不加符号 "&" 则不能采用这种方式来打开菜单。

步骤 3：事件与事件过程设计。

```
Private Sub Form_Load()
    mnupaste.Enabled = False
End Sub

Private Sub mnucut_Click()
    If   exinput.SelLength > 0 Then
        Clipboard.SetText exinput.SelText        '将选中的内容剪切到剪贴板上
        exinput.SelText = ""
        mnupaste.Enabled = True                  '将 "粘贴" 菜单项激活
        mnucopy.Enabled = False                  '将 "剪切" 菜单项禁用
        mnucut.Enabled = False                   '将 "复制" 菜单项禁用
    End If
End Sub

Private Sub mnucopy_Click()
    If   exinput.SelLength > 0 Then
        Clipboard.SetText exinput.SelText
        mnupaste.Enabled = True
        mnucopy.Enabled = False
        mnucut.Enabled = False
    End If
End Sub
```

```
Private Sub mnupaste_Click()
    exinput.SelText = Clipboard.GetText
    mnucopy.Enabled = True
    mnucut.Enabled = True
    mnupaste.Enabled = True
End Sub
```

单击"清除"菜单项后，"清除"左侧的"√"就被去掉，同时 exiput 中的内容被清除；再次单击"清除"，由于此时没有"√"，所以不做清除，只是在"清除"的左侧加上一个"√"记号。

```
Private Sub mnucls_Click()
    If  mnucls.Checked Then
        mnucls.Checked = False
        exinput = ""
    Else
        mnucls.Checked = True
    End If
End Sub

Private Sub mnuexit_Click()
    Unload Me
End Sub
```

单击"加粗"菜单项后，将 exinput 中选中部分由加粗变为不加粗，或者由不加粗变为加粗。

```
Private Sub mnubold_Click()
    exinput.SelBold = Not (exinput.SelBold)
    If  exinput.SelBold Then
        mnubold.Checked = True
    Else
        mnubold.Checked = False
    End If
End Sub

Private Sub mnuitalic_Click()
    exinput.SelItalic = Not (exinput.SelItalic)
    If  exinput.SelItalic Then
        mnuitalic.Checked = True
    Else
        mnuitalic.Checked = False
    End If
End Sub

Private Sub mnuul_Click()
    exinput.SelUnderline = Not (exinput.SelUnderline)
    If  exinput.SelUnderline Then
        mnuul.Checked = True
    Else
        mnuul.Checked = False
```

```
        End If
    End Sub
```

【理论概括】（见表 4.5）

表 4.5

思 考 点	你在实验后的理解	实 际 含 义
菜单中的分隔线的设计方法		
禁用某个菜单项的属性设置		
设计菜单时，在某个字母前加上 "&" 符号的作用		
RichTextBox 控件的添加方法		
运行某个菜单项时，前面会出现 "√"，在设计菜单时如何实现		

【仿制任务】

在模仿任务 2 的基础上增加一个 "对齐方式" 菜单，其中包含 "左对齐"、"居中"、"右对齐" 二级子菜单。增加部分的设计界面如图 4.6 所示。

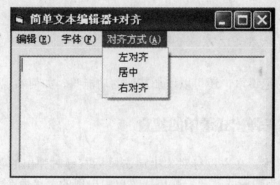

图 4.6

1. 任务分析

本任务在前面模仿任务 2 的基础上增加一个菜单项，并能完成相应的程序设计，增加单击 "对齐方式" 菜单命令能分别执行相关操作。

2. 操作步骤

步骤 1：设计菜单，增加菜单项部分如表 4.6 所示。

表 4.6

菜单项类别	标 题	名 称
主菜单	对齐方式（&A）	mnualign
第一级子菜单	左对齐	mnuleft
	居 中	mnucenter
	右对齐	mnuright

步骤 2：编写 "对齐方式" 菜单中各菜单项的程序代码。

选择 "对齐方式" 项下的 "左对齐" 命令，将 exinput 中选中部分设置为左对齐，并取消 "右对齐" 和 "居中" 菜单项。

```
Private Sub mnuleft_Click()
    exinput.SelAlignment = vbLeftJustify
    mnuleft.Checked = True
    mnucenter.Checked = False
    mnuright.Checked = False
End Sub

Private Sub mnucenter_Click()
    exinput.SelAlignment = vbCenter
    mnucenter.Checked = True
    mnuleft.Checked = False
    mnuright.Checked = False
End Sub

Private Sub mnuright_Click()
    exinput.SelAlignment = vbRightJustify
    mnuright.Checked = True
    mnucenter.Checked = False
    mnuleft.Checked = False
End Sub
```

【个性交流】

对照 Windows 中的记事本，还可以增加其他的功能吗？如何实现？

4.1.3　实训 2——弹出式菜单的建立

弹出式菜单是在窗体、文本框等对象上单击鼠标右键时弹出的菜单。任何包含有一个菜单项的菜单都可以作为弹出式菜单。弹出式菜单中出现的菜单命令一般是当前鼠标所指向对象的快捷操作命令。

我们可以采用 PopupMenu 方法来显示弹出式菜单，其语法格式是：

[对象.]PopupMenu 菜单控件名称

"对象"在默认情况下，在当前窗体中显示弹出式菜单。

【模仿任务】

任务 1：为第 **4.1.2** 节的【仿制任务】中设计的"简单文本编辑器"小程序添加一个弹出式菜单，如图 **4.7** 所示。

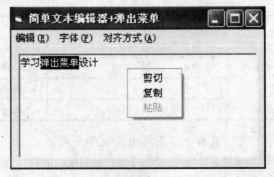

图 4.7

1. 任务分析

本任务设计的弹出式菜单项的内容是"编辑"菜单的部分菜单项，因此要在菜单编辑器中重新添加这些菜单项，并加上一个顶层菜单项（没有缩进符号），同时将它的"可见"项设置为 False。这样程序运行时就不会显示该菜单。

2. 操作步骤

步骤 1：在第 4.1.2 节【仿制任务】设计菜单中增加如下菜单项，增加部分如表 4.7 所示。

表 4.7

菜单项类别	标　题	名　称	可　见
主菜单	弹出菜单	mnupop	否
第一级子菜单	剪切	popcut	是
	复制	popcopy	是
	粘贴	poppaste	是

步骤 2：在第 4.1.2 节【仿制任务】原有的程序中添加如下程序代码：

```
Private Sub exinput_MouseUp(Button As Integer, Shift As Integer, x As Single, y As Single)
    If  Button = 2 Then                '右击鼠标时，弹出设计好的快捷菜单
        PopupMenu mnupop
    End If
End Sub
'在 form_load()事件中，增加将弹出菜单中的"粘贴"菜单项禁用的代码。
Private Sub Form_Load()
    mnupaste.Enabled = False
    poppaste.Enabled = False
End Sub


Private Sub mnucut_Click()
    If  exinput.SelLength > 0 Then
        Clipboard.SetText exinput.SelText
        exinput.SelText = ""
        mnupaste.Enabled = True
        mnucopy.Enabled = False
        mnucut.Enabled = False
        poppaste.Enabled = True
        popcut.Enabled = False
        popcopy.Enabled = False
    End If
End Sub


Private Sub mnucopy_Click()
    If  exinput.SelLength > 0 Then
        Clipboard.SetText exinput.SelText
        mnupaste.Enabled = True
        mnucopy.Enabled = False
        mnucut.Enabled = False
```

```
                poppaste.Enabled = True
                popcopy.Enabled = False
                popcut.Enabled = False
        End If
    End Sub

    Private Sub mnupaste_Click()
        exinput.SelText = Clipboard.GetText
        mnucopy.Enabled = False
        mnucut.Enabled = False
        mnupaste.Enabled = True
        popcopy.Enabled = False
        popcut.Enabled = False
        poppaste.Enabled = True
    End Sub

    Private Sub popcopy_Click()
        mnucopy_Click
    End Sub

    Private Sub popcut_Click()
        mnucut_Click
    End Sub

    Private Sub poppaste_Click()
        mnupaste_Click
    End Sub
```

【理论概括】（见表 4.8）

表 4.8

思 考 点	你在实验后的理解	实 际 含 义
将部分菜单项的内容设计到弹出式菜单中的方法		
鼠标右键按下的参数		

【仿制任务】

为第 4.1.2 节模仿任务 1 "菜单设计" 小程序中添加一个弹出式菜单，如图 4.8 所示。

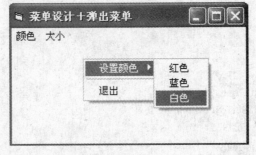

图 4.8

1．任务分析

本任务要给已有的程序添加弹出式菜单，弹出式菜单的内容是"颜色"这一菜单中的全部子菜单项。

2．操作步骤

只需在已有的程序中添加如下的代码，就可以让用户在窗体中单击鼠标右键时显示弹出式菜单。

```
Private Sub Form_MouseDown(Button As Integer, Shift As Integer, X As Single, Y As Single)
    If   Button = 2 Then
            PopupMenu mnucolors, vbPopupMenuRightButton
    End If
End Sub
```

注意：

① MouseDown 事件在用户按下鼠标键时发生。代码通过检查参数 Button 的值测出哪一个鼠标键被按下。当鼠标右键被按下时，参数 Button=2。在这种情况下，我们使用 PopupMenu 方法在鼠标指针的当前位置显示弹出式菜单。

② PopupMenu 方法需要菜单的名字。该菜单至少要有一个子菜单。在这个例子中，我们指定为 mnucolors。第二个参数则决定弹出的行为。我们传送 vbPopupMenuRightButton 以启用弹出式菜单上的项来识别鼠标的左键和右键。

4.2　工具栏与状态栏的设计

4.2.1　预备知识

4.2.1.1　认识 ActiveX 控件

通过前几章的学习，我们知道 Visual Basic 6.0 应用程序的界面主要由控件构成。Visual Basic 6.0 中的控件主要有三种类型：标准控件、ActiveX 控件和可插入的对象。

Visual Basic 6.0 工具箱中的命令按钮、文本框等控件为标准控件，因它们包含在 Visual Basic 6.0 的.exe 文件中，系统安装成功之后，就可以直接使用。

除了工具箱中的标准控件之外，还有一些控件不在工具箱中，ActiveX 控件就是 Visual Basic 6.0 工具箱标准控件的扩充，通过打开"工程"→"部件"菜单项后，在出现的"部件"对话框中选中所列出的 ActiveX 控件，这些控件即可添加到工具箱中。使用 ActiveX 控件与使用其他基本内置控件的方法完全一样，这些控件以独立的文件存在，文件的扩展名为.ocx。

ActiveX 控件包含许多控件。例如，工具栏、状态栏、进度条等。各种版本 Visual Basic 6.0 所提供的控件数量不同，学习版中提供的控件较少，专业版和企业版提供的控件较多。

本节中我们将主要学习工具栏和状态栏的设计。添加这些控件的方法是：打开"工程"→"部件"菜单项，在出现的"部件"对话框中，选中"Microsoft Windows Common Controls 6.0"，即可将这些控件添加到工具箱中，如图 4.9 所示。

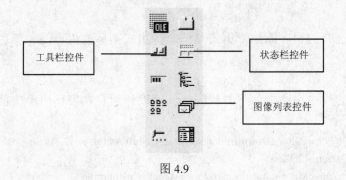

图 4.9

4.2.1.2   工具栏

典型的工具栏紧挨着菜单栏的下方。一个应用程序可以有多个工具栏，工具栏上有工具栏按钮。工具栏也可以显示"工具提示"，即当鼠标指针移到一个工具栏按钮上时，就出现该按钮用途的简短文字介绍。

常用工具栏的编写需要添加工具栏（ToolBar）控件和图像列表框（ImageList）控件。

（1）ToolBar 控件

ToolBar 控件其实就是一个 Button 对象集合，即 ToolBar 控件包含一个 Button 对象集合，该对象被用来创建与应用程序相关联的工具栏。

（2）ImageList 控件

ImageList 控件需要和其他控件一起使用来显示图像，另一个控件可以是任何能显示 Picture 图像对象的控件，也可以是特别设计的，用于绑定 ImageList 控件的 Windows 通用控件之一，这些控件有 ListView、ToolBar、TabStrip、ImageCombo、TreeView 等。

4.2.1.3   状态栏

状态栏一般用来表示系统的状态信息，通常显示在窗体的底端。Visual Basic 6.0 中的状态栏（StatusBar）控件最多能被分成 16 个面板（Panel）对象，每个面板中可以包含文本或图片，控制每个面板的外观属性。

4.2.2   实训 3——工具栏与状态栏设计

【模仿任务】

任务 1：为第 **4.1.3** 节的模仿任务 **1** 中编写的带有弹出式菜单的"菜单设计"小程序再添加一个工具栏，如图 **4.10** 所示。

1．任务分析

本任务在已有的窗体中添加一个工具栏，其中包含"红色"、"蓝色"、"白色"三个按钮，对应于菜单中的选项，以便为用户提供应用程序访问时最常用功能的图形界面。

用 ToolBar 控件和 ImageList 控件实现。

2．操作步骤

步骤 1：用户界面设计。

打开已有的第 4.1.3 节模仿任务 1 的程序，在工具箱中添加 ToolBar 控件和 ImageList 控件，并双击两个控件，将它们分别添加到相应的窗体中，如图 4.11 所示。

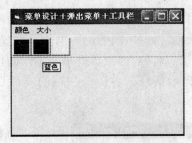

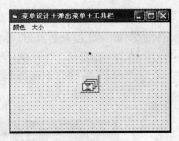

图 4.10　　　　　　　　　　　　　　　　图 4.11

步骤 2：属性设置。

（1）ImageList 控件设置

右键单击已经添加到窗体中的 ImageList1 控件，在弹出式菜单中选择"属性"，在出现的"属性页"对话框的"图像"选项卡中，利用"插入图片"按钮将预先准备好的图片插入到图像列表框中，如图 4.12 所示。

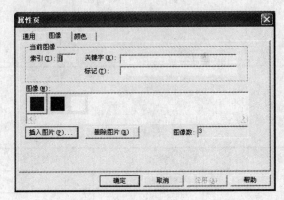

图 4.12

（2）ToolBar 控件设置

① 右键单击已经添加到窗体中的 ToolBar1 控件，在弹出的菜单中选择"属性"，出现"属性页"对话框，先在"通用"选项卡中将"图像列表"设置为"ImageList1"，以说明工具栏上出现的图像来自于 ImageList1 控件，如图 4.13 所示。

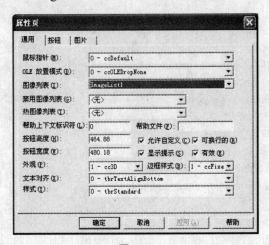

图 4.13

② 在"按钮"选项卡中单击"插入按钮"，如图 4.14 所示，在工具栏上添加图像按钮，插入的图像按钮的索引号从 1 开始不断增加。"图像"文本框中的 1～3，分别对应图像列表框中包含的 3 张图片。"关键字"相当于图像按钮的名称，"工具提示文本"的作用是设置在运行程序时，鼠标指针指向按钮时所显示的提示信息。各图像按钮的属性设置如表 4.9 所示。

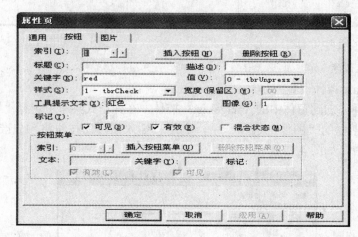

图 4.14

表 4.9

索 引	关 键 字	样 式	工具提示文本	图 像
1	red	1-tbrCheck	红色	1
2	blue	1-tbrCheck	蓝色	2
3	white	1-tbrCheck	白色	3

步骤 3：事件和事件过程设计，相关代码如下：

```
Private Sub Toolbar1_ButtonClick(ByVal Button As MSComctlLib.Button)
    If   Button.Index = 1 Then        '红色按钮
        mnured_Click
        Toolbar1.Buttons(2).Value = tbrUnpressed
        Toolbar1.Buttons(3).Value = tbrUnpressed
    Else   If   Button.Index = 2 Then     '蓝色按钮
        mnublue_Click
        Toolbar1.Buttons(1).Value = tbrUnpressed
        Toolbar1.Buttons(3).Value = tbrUnpressed
    Else   If   Button.Index = 3 Then     '白色按钮
        mnuwhite_Click
        Toolbar1.Buttons(1).Value = tbrUnpressed
        Toolbar1.Buttons(2).Value = tbrUnpressed
    End If
End Sub
```

注意：

① 任意时单击工具栏中的一个按钮，都将调用 ButtonClick 事件。

② 在 If…Else 语句中使用 Button 对象的 Index 属性来控制具体的按钮的操作。例如，当用户按下工具栏上的"红色"按钮时，就执行红色菜单项，并且将"蓝色"按钮和"白色"按钮设置为 tbrUnpressed（恢复到按下之前的状态）。

任务 2：在上一任务完成的基础上再为窗体添加一个状态栏，如图 4.15 所示。

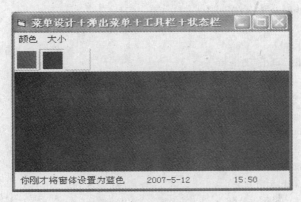

图 4.15

1．任务分析

为窗体添加一个状态栏，将它分成 3 个窗格，其中第一个窗格中显示现在的操作状态，如"你刚才将窗体设置为红色"，第二个窗格中显示日期，第三个窗格中显示时间。

2．操作步骤

步骤 1：用户界面设计，双击工具箱中的"StatusBar"控件，将该控件放到窗体中。

步骤 2：属性设置。

按鼠标右键单击窗体中已添加的 StatusBar 控件，在弹出菜单中选择"属性"，出现"属性页"对话框，如图 4.16 所示，在"窗格"选项卡中按照表 4.10 所示完成相应的设置。

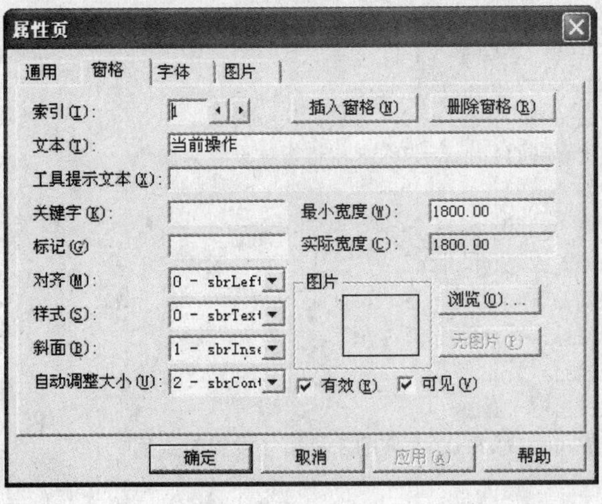

图 4.16

表 4.10

索　引	文　本	最小宽度	对　齐	样　式	自动调整
1	当前操作	1 800	0-sbrLeft	0-sbrtext	2-sbrcontents
2		1 440	1-sbrcenter	6-sbrdata	1-sbrspring
3		1 440	1-sbrcenter	5-sbrtime	1-sbrspring

步骤 3：事件与事件过程设计，在已有的程序中添加代码：

```
Private Sub mnularge_Click()
    Frmex4_1.WindowState = 2
    mnularge.Enabled = False
    mnudeox.Enabled = True
    StatusBar1.Panels(1).Text = "你刚才将窗体设置为最大化"
End Sub


Private Sub mnured_Click()
    Frmex4_1.BackColor = vbRed
    mnured.Enabled = False
    mnublue.Enabled = True
    mnuwhite.Enabled = True
    StatusBar1.Panels(1).Text = "你刚才将窗体设置为红色"
End Sub


Private Sub mnudeox_Click()
    Frmex4_1.WindowState = 0
    mnudeox.Enabled = False
    mnularge.Enabled = True
    StatusBar1.Panels(1).Text = "你刚才将窗体设置为还原"
End Sub


Private Sub mnuwhite_Click()
    Frmex4_1.BackColor = vbWhite
    mnuwhite.Enabled = False
    mnured.Enabled = True
    mnublue.Enabled = True
    StatusBar1.Panels(1).Text = "你刚才将窗体设置为白色"
End Sub


Private Sub mnublue_Click()
    Frmex4_1.BackColor = vbBlue
    mnublue.Enabled = False
    mnured.Enabled = True
    mnuwhite.Enabled = True
    StatusBar1.Panels(1).Text = "你刚才将窗体设置为蓝色"
End Sub
```

【理论概括】（见表 4.11）

表 4.11

思　考　点	你在实验后的理解	实　际　含　义
如何将图像列表框中已有的图像运用到工具栏控件中		
如何在程序中表示工具栏控件中的每个按钮		
状态栏控件如何表示每个窗格		

【仿制任务】

在第 4.1.3 节模仿任务的基础上增加工具栏和状态栏的设计，如图 4.17 所示。

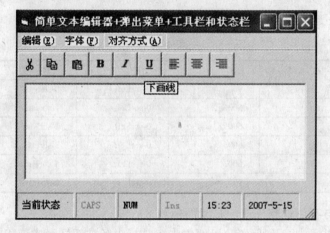

图 4.17

1．任务分析

本任务需要在原有的窗体中增加 1 个 ToolBar 控件、1 个 ImageList 控件和 1 个 StatusBar 控件。在 ImageList 控件中放入工具栏中要显示出来的按钮上的图片，在 StatusBar 控件中要求显示"当前状态"、"CAPS"、"NUM"、"Ins"、"时间"和"日期"6 个状态。

2．操作步骤

步骤 1：用户界面设计（如图 4.17 所示）。

步骤 2：属性设置。

（1）ImageList1 控件设置

将工具栏中需显示的图片添加到 ImageList1 控件"属性页"对话框的"图像"选项卡中。

（2）ToolBar1 控件设置

① 在 ToolBar1 控件的"属性页"对话框中的"通用"选项卡中将"图像列表"设置为"ImageList1"，说明工具栏上出现的图像来自于 ImageList1 控件。

② 在"按钮"选项卡中按表 4.12 所示完成相应的设置。

表 4.12

索 引	关 键 字	样 式	工具提示文本	图 像
1	Cut	0-tbrDefault		1
2	Copy	0-tbrDefault		2
3	Paste	0-tbrDefault		3
4	Bold	1-tbrCheck		4
5	Intalic	1-tbrCheck		5
6	Underline	1-tbrCheck		6
7	Left	2-tbrButtonGroup		7
8	Center	2-tbrButtonGroup		8
9	Right	2-tbrButtonGroup		9

StatusBar1 控件设置，如表 4.13 所示。

表 4.13

索 引	文 本	最 小 宽 度	对 齐	样 式	自动调整大小
1	当前操作	900	0-sbrLeft	0-sbrtext	1-sbrspring
2		600	0-sbrLeft	1-sbrcaps	1-sbrspring
3		600	0-sbrLeft	2-sbrNum	1-sbrspring
4		600	0-sbrLeft	3-sbrIns	1-sbrspring
5		600	0-sbrLeft	5-sbrTime	1-sbrspring
6		900	0-sbrLeft	6-sbrData	1-sbrspring

步骤 3：事件与事件过程设计，相关代码如下：

在已有的程序中添加下列代码，以便单击工具栏中各按钮即可实现相应的功能。

```vb
Private Sub Toolbar1_ButtonClick(ByVal Button As ComctlLib.Button)
    Select Case Button.Index
        Case 1
            mnucut_Click
        Case 2
            mnucopy_Click
        Case 3
            mnupaste_Click
        Case 4
            mnubold_Click
        Case 5
            mnuitalic_Click
        Case 6
            mnuul_Click
        Case 7
            mnuleft_Click
        Case 8
            mnucenter_Click
        Case 9
            mnuright_Click
```

```
            End Select
        End Sub
```

【个性交流】

以上设计的窗体在哪些方面可以做一些改进？

4.2.3　拓展知识

4.2.3.1　进度条

状态栏控件通常放在窗体的底部，一般用来显示系统信息和对用户的提示信息，例如系统时间、键盘状态等。进度条（ProgressBar）可以直观地显示某个操作的进度。进度条通常只在耗时的操作中才显示出来，这样做也最有效。

案例 1　设计如图 4.18 所示的窗体。

1．任务分析

本任务需要在窗体中添加 1 个 StatusBar 控件，1 个 ProgressBar 控件和时钟器等。

2．操作步骤

步骤 1：用户界面设计（如图 4.18 所示）。

步骤 2：属性设置。

（1）设置 StatusBar 的属性，如表 4.14 所示。

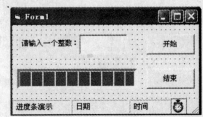

图 4.18

表 4.14

窗格	属性	值
窗格 1	索引	1
	文本	
	工具提示文本	单击"开始"，激活进度条
窗格 2	索引	2
	文本	
窗格 3	索引	3
	文本	

（2）设置窗体中其他控件的属性，如表 4.15 所示。

表 4.15

对象	属性	属性值
窗体（Form1）	Name（名称）	Form1
标签 1（Label1）	Caption	
文本框（Text1）	Text	
命令按钮 1（Command1）	Name（名称）	cmdstart
	Caption	
命令按钮 2（Command2）	Name（名称）	cmdexit
	Caption	
进度条 1（ProgressBar1）	Name（名称）	prgbar
Timer1	Interval	500

步骤 3：事件与事件过程设计，相关代码如下：

```
Private Sub cmdexit_Click()
    Timer1.Enabled = False
    End
End Sub


Private Sub Form_Load()
    StatusBar1.Panels(2) = Time
    StatusBar1.Panels(3) = Data
    Timer1.Enabled = False
End Sub


Private Sub cmdstart_Click()
    Timer1.Enabled = True
    PrgBar.Visible = True
    If  Text1.Text = "" Then    '如果文本框没有输入，就将进度条的最大值设置为 10
        Text1.Text = 10
        PrgBar.Max = 10
    Else
            PrgBar.Max = CInt(Text1.Text)
    End If
End Sub


Private Sub Text1_Change()
    If  Is  Numeric(Text1.Text) = False Then        '限制文本框中只能输入整数
        MsgBox "请输入一个整数！", vbOKOnly, "提示"
        Text1.Text = ""
    End If
    cmdstart.Enabled = True
End Sub


Private Sub Timer1_Timer()
    Static i As Integer          'i 为 Static 变量，每执行一次该事件，i 保留原来的值
If  Is  Empty(i) Then i = 1
        PrgBar.Value = i
    If  i = PrgBar.Max Then      '当 i 等于进度条中的最大值时，停止时钟控件的运行
            PrgBar.Visible = False
            cmdstart.Enabled = False
            Timer1.Enabled = False
        i = 0
    Else
            i = i + 1
    End If
End Sub
```

4.3　对话框

4.3.1　预备知识

1．Visual Basic 6.0 中对话框的种类

Visual Basic 6.0 提供多种对话框形式，用于显示信息或等待用户输入数据，以便在设计应用程序时，提供友好的界面。

Visual Basic 6.0 中有两种最简单的对话框——消息框和输入对话框，这些对话框的形式是由系统提供的，对话框的大小固定，没有"最大化"和"最小化"按钮，对话框中命令按钮上的文字不能改变。如果用户想产生比较复杂的对话框，就需要自己来设计。

Visual Basic 6.0 提供了 3 类对话框：

（1）预定义对话框——消息框和输入对话框。

（2）自定义对话框——由用户根据需要自己设计和定义。

（3）通用对话框——它是 Visual Basic 6.0 提供的一种控件。利用它可以设计出比较复杂的对话框。如打开（Open）对话框、颜色（Color）对话框等。

2．通用对话框（CommonDialog）控件

Visual Basic 6.0 提供了"通用对话框"（CommonDialog）控件，在默认情况下，"通用对话框"控件不在工具箱中。在使用"通用对话框"控件前，应先将它添加到工具箱中。具体的方法是：

（1）用鼠标右键单击工具箱空白处，在快捷菜单中选中"部件"，弹出如图 4.19 所示的"部件"对话框。

（2）在"部件"对话框的"控件"选项卡中，选中"Microsoft Common Dialog Control 6.0"，即可将"通用对话框"控件添加在工具箱中，其图标是 🖳 。

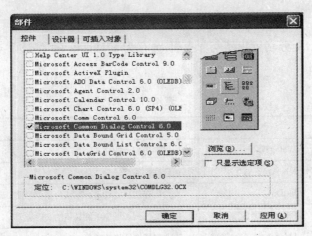

图 4.19

3．通用对话框的形式

将"通用对话框"控件添加到窗体后，右键单击该控件，打开"属性页"对话框，如图 4.20 所示。

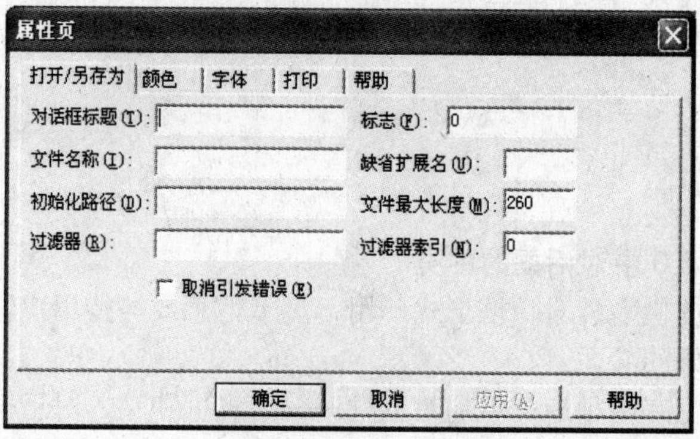

图 4.20

由上可见，通用对话框能提供 6 种形式的对话框。在显示通用对话框前，应通过设置 Action 属性或调用 Show 方法进行选择，如表 4.16 所示。

表 4.16

对话框类型	Action 属性	Show 方法
打开文件（Open）	1	ShowOpen
保存文件（Save As）	2	ShowSave
颜色（Color）	3	ShowColor
字体（Font）	4	ShowFont
打印（Print）	5	ShowPrinter
帮助文件（Help）	6	ShowHelp

也就是说，若要调用"颜色"对话框，则可在程序中输入如下代码：

```
CommonDialog1.Action=3 或
CommonDialog1.ShowColor
```

表 4.17 和表 4.18 分别列出了与"打开/另存为"对话框、"字体"对话框和"颜色"对话框相关的属性说明。

表 4.17

属　　性	属 性 名 称	属 性 说 明
对话框标题	DialogTitle	标题栏中显示的文本
文件名称	FileName	所选文件的路径和文件名
初始化路径	InitDir	文件所在的初始目录，默认为系统当前目录
过滤器	Filter	指定文件列表框中所能显示的文件类型
标志	Flags	设置对话框的相关选项
默认扩展名	DefaultExt	默认文件扩展名时为文件自动添加的名称
文件最大长度	MaxFileSize	打开文件的最大尺寸，取值范围是 1～32K，默认值为 256
过滤器索引	FilterIndex	指定默认过滤器，第一个过滤器的索引为 1

表 4.18

属　性	属 性 名 称	属 性 说 明
字体名称	FontName	选定字体的名称
字体大小	FontSize	选定字体的大小
最大	Max	字体的最大尺寸，必须先置 Flags＝8192
最小	Min	字体的最小尺寸，必须先置 Flags＝8192
粗体	FontBold	是否选定粗体
斜体	FontItalic	是否选定斜体
删除线	FontStrikethru	是否选定删除线，必须先置 Flags＝256
下划线	FontUnderline	是否选定下划线，必须先置 Flags＝256
颜色	Color	选定的颜色，必须先置 Flags＝256

　　通用对话框的 Flags 属性用于设置对话框的相关选项，打开不同的对话框时，应正确设置其属性值。表 4.19、表 4.20 和表 4.21 中分别列出了与"打开/另存为"对话框、"颜色"对话框和"字体"对话框相关的 Flags 属性设置。

表 4.19

Flags 值	属 性 说 明
1	在对话框中显示"以只读方式打开"选择框
2	如果用磁盘上已有的文件名保存文件，则显示一个消息框，询问用户是否覆盖已有文件
4	不显示"以只读方式打开"选择框
8	保留当前目录
16	显示一个 Help 按钮
256	允许在文件名列表框中同时选择多个文件
8192	当文件不存在时，提示创建文件

表 4.20

Flags 值	属 性 说 明
1	使用 Color 属性定义的颜色在首次显示对话框时显示出来
2	打开的对话框，包括"自定义颜色"窗口
4	不能使用"规定自定义颜色"按钮
8	显示一个 Help 按钮

表 4.21

Flags 值	属 性 说 明
1	对话框中列出系统支持的屏幕字体
2	对话框中列出打印机支持的字体
3	对话框中列出可用的打印机和屏幕字体
256	允许设置删除线、下画线以及颜色等效果
512	对话框中的"应用"按钮有效

注意："通用对话框"中所有的属性设置既可以在选项卡中实现，也可在相应的程序中用代码实现。

下面介绍自定义对话框和通用对话框的设计。

4.3.2 实训 4——对话框设计

4.3.2.1 自定义对话框

自定义对话框是根据实际需要设计的对话框。在一个窗体内安排若干个控件（如文本框、组合框、命令按钮等），构成用户与系统的对话界面。

可以通过以下的任务大致了解什么是自定义对话框以及如何设计自定义对话框。

【模仿任务】

任务 1：设计一个用户登录程序，如图 4.21 所示。

1．任务分析

该任务主要由两个窗体组成。"登录"窗体（如图 4.21 所示）为启动窗体，在程序运行时，要求输入用户名和密码，单击"登录"按钮，就进行用户名和密码的验证，如果正确就弹出消息框（如图 4.22 所示），提示"你是合法用户"，再单击该消息框中的"确定"按钮，就启动第二个"欢迎"窗体（如图 4.23 所示）；否则，弹出消息框（如图 4.24 所示），提示用户名和密码错误，要求用户名和密码错误不能超过 3 次。

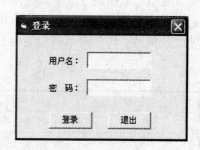

图 4.21

图 4.22

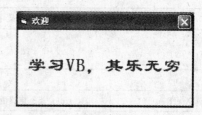

图 4.23

（a）

（b）

图 4.24

2．操作步骤

步骤 1：第一个窗体用户界面设计（如图 4.21 所示）。

步骤 2：第一个窗体属性设置（如表 4.22 所示）。

表 4.22

对　象	属　性	属　性　值
窗体（Form1）	Name（名称）	Frmex4_3
	Caption	登录
	Borderstyle	3-Fixed Dialog
标签 1（Label1）	Caption	用户名：
标签 2（Label2）	Caption	密码：
文本框 1（Text1）	Name（名称）	txtun
	Text	
文本框 2（Text2）	Name（名称）	txtpw
	Text	
	PasswordChar	*
命令按钮 1（Command1）	Caption）	cmdlogin
	Name（名称）	登录
命令按钮 2（Command2）	Caption	cmdexit
	Name（名称）	退出

步骤 3：第二个窗体用户界面设计（如图 4.23 所示）。

步骤 4：第二个窗体属性设置（如表 4.23 所示）。

表 4.23

对　象	属　性	属　性　值
窗体 2（Form2）	Name（名称）	Frmwel
	Caption	欢迎
	Borderstyle	3-Fixed Dialog
标签 1（Label1）	Caption	学习 VB，其乐无穷
	Font	隶书，加粗，二号
Timer1	InterVal	300

步骤 5：事件与事件过程设计，相关代码如下：

```
Dim n As Integer                '定义一个窗体级的变量 n，用于统计密码的输入次数
Private Sub cmdlogin_Click()
    If  txtun.Text = "student" And txtpw.Text = "123" Then
        MsgBox "你是合法用户，欢迎进入……", vbInformation, "登录"
        Frmwel.Show
        Frmex4_3.Hide
    Else
        n = n + 1
        If  n = 3 Then
            MsgBox "您已经 3 次登录失败，对不起，拒绝进入。", vbCritical, "登录"
```

```
                End
            Else
                MsgBox "第" & n & "次用户登录失败，请重试！", vbCritical, "登录"
                txtun.Text = ""
                txtpw.Text = ""
                txtun.SetFocus
            End If
        End If
    End Sub


    Private Sub cmdexit_Click()
        Dim answer As Integer
        answer = MsgBox("您是否要退出本系统?", vbYesNo + vbQuestion, "退出")
        If   answer = vbYes Then
                End
        End If
    End Sub
    '窗体中的 Timer 控件的事件编码，完成窗体中的文字随机变化。
    Private Sub Timer1_Timer()
        Dim r As Integer, g As Integer, b As Integer
        r = Int(Rnd * 256)
        g = Int(Rnd * 256)
        b = Int(Rnd * 256)
        Label1.ForeColor = RGB(r, g, b)
    End Sub
```

4.3.2.2　通用对话框

【模仿任务】

任务 1： 设计一个"调用打开对话框"的程序，如图 4.25 所示。

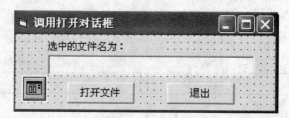

图 4.25

1．任务分析

完成本任务设计的窗体需要 2 个标签，2 个命令按钮和 1 个通用对话框控件。单击窗体中的"打开文件"按钮能调用自己设计的打开通用对话框，将选中文件的文件名显示在标签上。

2．操作步骤

步骤 1：用户界面设计（如图 4.25 所示）。

步骤 2：属性设置（如表 4.24 所示）。

表 4.24

对　象	属　性	属　性　值
窗体 1（Form1）	Name（名称）	Frmex4_4
	Caption	调用打开对话框
标签 1（Label1）	Caption	选中的文件名为：
标签 2（Label2）	BackColor	白色
	BorderStyle	1-Fixed Single
	Caption	
命令按钮 1（Command1）	Name（名称）	cmdopen
	Caption	打开文件
命令按钮 2（Command2）	Name（名称）	cmdexit
	Caption	退出
CommonDialog1	Name（名称）	cd

步骤 3：事件与事件过程设计，相关代码如下：

```
Private Sub cmdopen_Click()
        cd.DialogTitle = "打开文件"          '初始化"通用对话框"控件中的各项属性设置
        cd.InitDir = "c:\windows\"
        cd.Filter = " 所有文件(*.*)|*.*|位图文件|*.bmp|JPEG 文件|*.jpg"
        cd.FilterIndex = 2
        cd.Flags = 1
        cd.ShowOpen                         '显示"打开"对话框
        Label2.Caption = cd.FileName        '将选中的文件名显示在标签框中
End Sub
```

【理论概括】

本任务中的"打开"对话框的各项属性设置是用程序代码实现的，同时也可在"通用对话框"控件的"属性页"的"打开/另存为"选项卡中设计完成，请根据程序代码完成表 4.25 的设计。

表 4.25

属　性	属　性　值
对话框标题	
初始化路径	
过滤器	
过滤器索引	
标志	

【仿制任务】

设计一个能调用"字体"和"颜色"对话框的程序，结果如图 4.26 所示。

1．任务分析

分别单击窗体中的"字体"和"文字颜色"按钮就能调用系统的字体和颜色对话框，设置完成后，能

图 4.26

将标签框中的文字显示出相应的效果。

2．操作步骤

步骤1：用户界面设计（如图 4.26 所示）。

步骤2：属性设置（如表 4.26 所示）。

表 4.26

对　象	属　性	属　性　值
窗体1（Form1）	Name（名称）	Frmex4_5
	Caption	调用字体和颜色对话框
标签1（Label1）	Caption	Visual Basic
	BorderStyle	1-Fixed Single
	BackColor	白色
	Alignment	2-Center
	Font	隶书，加粗，二号
命令按钮1（Command1）	Name（名称）	cmdfont
	Caption	字体
命令按钮2（Command2）	Name（名称）	cmdcolor
	Caption	字体颜色
命令按钮3（Command3）	Name（名称）	cmdexit
	Caption	退出
CommonDialog1	Name（名称）	cd

步骤3：事件与事件过程设计，相关代码如下：

```
Private Sub cmdfont_Click()
    cd.FontBold = Label1.FontBold              '将标签框中的文字的格式传到通用对话框中
    cd.FontItalic = Label1.FontItalic
    cd.FontName = Label1.FontName
    cd.FontSize = Label1.FontSize
    cd.FontStrikethru = Label1.FontStrikethru
    cd.FontUnderline = Label1.FontUnderline
    cd.Flags = 1
    cd.ShowFont                                '打开"字体"通用对话框
    Label1.FontBold = cd.FontBold              '设置字体格式
    Label1.FontItalic = cd.FontItalic
    Label1.FontName = cd.FontName
    Label1.FontSize = cd.FontSize
    Label1.FontStrikethru = cd.FontStrikethru
    Label1.FontUnderline = cd.FontUnderline
End Sub

Private Sub cmdcolor _Click()
    cd.ShowColor                  '打开"颜色"对话框
    Label1.ForeColor = cd.Color
End Sub
```

【个性交流】

根据需要自己设计带有"打印"和"帮助"对话框的程序。

4.3.3 拓展知识

对话框按照行为的性质，可分为：

1．模式对话框

当显示一个模式对话框时，系统不允许用户完成任何操作。只有完成了该对话框中的命令要求，才能切换到其他的窗体或对话框。

我们一般看见的对话框大多是模式对话框，如"打开"对话框，"另存为"对话框，"打印"对话框，等等。

使用 Show 方法，其 Style 参数值为 vbModal（一个值为 1 的常数）。

例如，将窗体作为模式对话框显示，可在程序中编写代码 form.Show vbModal。

2．无模式对话框

当显示无模式对话框时，系统允许用户在此对话框和其他窗体、对话框之间切换。无模式对话框比较少见，如"查找"对话框、"插入"对话框等。

使用不带 Style 参数的 Show 方法。

例如，将窗体作为无模式对话框显示，可在程序中编写代码 frmAbout.Show。

4.4 多文档界面

4.4.1 预备知识

Visual Basic 6.0 为用户提供了两种界面设计。

1．单文档界面（SDI）

在一个单文档界面的应用程序中，所有的窗体都可以被移动到屏幕的任意位置。

单文档界面的应用程序一次只允许打开一个文件。当我们打开一个新的文件时，上一次的文件会被关闭。

例如，写字板、记事本、画图就是单文档界面的应用程序。

2．多文档界面（MDI）

在一个多文档界面的应用程序中，可以打开多个文档，并将几个窗体有机地结合为一个整体。

例如，Microsoft Word 就是一个多文档界面的应用程序。

当一个文档被打开时，Word 的界面包括两个窗体。

（1）内部窗体：即子窗体，表示打开的文件。

（2）外部窗体：即主窗体，作为内部窗体的容器，有菜单等。

实际上，一个多文档界面的应用程序可以包含三类窗体：MDI 父窗体（简称 MDI 窗体，即主窗体）、MDI 子窗体（简称子窗体）和普通窗体（或标准窗体）。普通窗体和 MDI 窗体没有直接的从属关系，可以从 MDI 窗体中将普通窗体移出。

前面各章所介绍的程序都是单文档界面，但大多数的流行软件都采用 MDI 界面。

4.4.2 实训——多文档界面设计

【模仿任务】

任务 1: 设计一个简单的多文档界面应用程序,如图 4.27 所示。

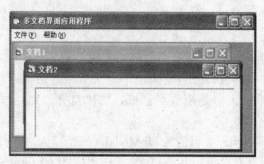

图 4.27

1. 任务分析

本任务要求设计 3 个窗体,如图 4.28 所示,MDIForm1(主窗体)、frmchild(子窗体)和 frmAbout(普通窗体)。在 MDIForm1 主窗体中显示有整个程序的菜单,当单击"文件"中的"新建"菜单项时就调出相应的 frmchild 子窗体,显示出新建的文档窗体,当单击"帮助"中的"关于"菜单项时就调出 frmAbout 窗体,如图 4.29 所示。

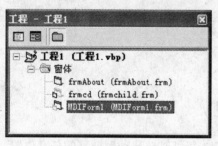

图 4.28

图 4.29

2. 操作步骤

步骤 1: 编制 MDI 主窗体。

(1)在"工程"菜单中,选择"添加 MDI 窗体"菜单项,弹出"添加 MDI 窗体"对话框,如图 4.30 所示,再单击"打开"按钮,即可建立一个新的 MDI 窗体。

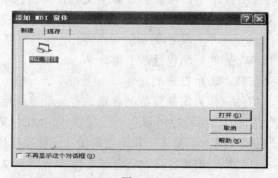

图 4.30

注意：一个工程文件只能创建一个 MDI 主窗体。

（2）按表 4.27 设计 MDI 主窗体的属性。

表 4.27

对　象	属　性	属　性　值
MDIForm1	Name（名称）	MDIfrmex4_7
	Caption	多文档界面应用程序
	WindowState	2-Maximizined

（3）按表 4.28 设计 MDI 主窗体中的菜单。

表 4.28

菜单项类别	标　题	名　称
主菜单	文件（&F）	mnufile
第一级子菜单	新建	mnunew
	退出	mnuexit
主菜单	帮助（&H）	mnuhelp
第一级子菜单	关于	mnuabout

步骤 2：编制子窗体。

（1）在新建工程时的 Form1 窗体上添加文本框控件。

（2）子窗体的属性设置如表 4.29 所示。

表 4.29

对　象	属　性	属　性　值
窗体 1（Form1）	MDIchild	True
	Name（名称）	frmchild
	Caption	文档
文本框 1（Text1）	Name（名称）	txtinput
	MultiLine	True
	Text	

步骤 3：添加一个"关于"窗体。

按鼠标右键单击工程窗体空白处，在弹出的快捷菜单中选择"添加"→"添加窗体"，出现如图 4.31 所示的"添加窗体"对话框，选中"关于"对话框，单击"打开"，创建一个 Visual Basic 6.0 提供给用户的"关于"窗体，如图 4.32 所示。

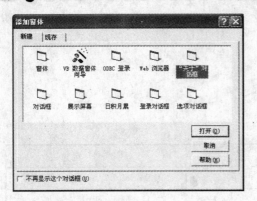

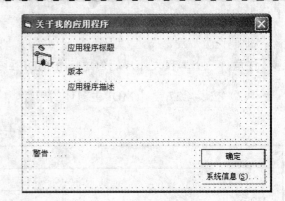

图 4.31   图 4.32

步骤 4：根据需要完成"关于"窗体的部分控件的属性设置，详见表 4.30。

表 4.30

对　象	属　性	属　性　值
标签 1（Label1）	Caption	Visual Basic 应用程序设计
标签 2（Label2）	Caption	版本:VB 6.0
标签 3（Label3）	Caption	本程序主要完成主从窗体的设计
标签 4（Label4）	Caption	温馨提示：积极动手，日积月累

同时根据设计的要求，将原来程序中的下面这段代码删除。

```
Private Sub Form_Load()
    Me.Caption = "关于 " & App.Title
    lblVersion.Caption = "版本 " & App.Major & "." & App.Minor & "." & App.Revision
    lblTitle.Caption = App.Title
End Sub
```

步骤 5：事件与事件过程设计，相关代码如下：

（1）MDI 主窗体

```
Public n As Integer        ' n 变量为窗体级的变量，用来对打开的文档窗体的计数
Private Sub mnuabout_Click()
    frmAbout.Show
End Sub


Private Sub mnuexit_Click()
    End
End Sub


Private Sub MDIForm_Load()
    n = 1
End Sub


Private Sub mnunew_Click()
    Dim newfrm As New frmchild
    newfrm.Caption = "文档" & n
```

```
        n = n + 1
        newfrm.Show
    End Sub
```

（2）子窗体，使打开的子窗体中的文本框的大小和子窗体的大小比例适中。

```
    Private Sub Form_Resize()
        Txtinput.Height = ScaleHeight - 500
        Txtinput.Width = Width - 500
    End Sub
```

【理论概括】（见表 4.31）

表 4.31

思 考 点	你在实验后的理解	实 际 含 义
如何添加一个 MDI 主窗体		
如何将普通窗体设计成 MDI 子窗体		
如何添加一个"关于"窗体		

4.4.3 拓展知识

在设计 MDI 应用程序时，设计到一些专门用于 MDI 的属性、事件和方法。下面简要介绍有关内容。

1. MDIChild 属性

在 MDI 应用程序中，可以包含普通的窗体。MDIChild 属性的设置值如表 4.32 所示。

表 4.32

设 置 值	描 述
True	窗体是一个 MDI 子窗体并且被显示在 MDI 父窗体内
False	（默认值）窗体不是一个 MDI 子窗体

说明：

在建立一个多文档接口（MDI）应用程序时要使用该属性。在运行时，属性为 True 的窗体被显示在 MDI 窗体内。一个 MDI 子窗体能够被最大化、最小化并移动，这些都在 MDI 父窗体内部进行。

要使 MDI 子窗体起作用时，应注意以下事项：

（1）在运行时，当一个 MDI 子窗体被最大化时，其标题将与 MDI 父窗体相重合。

（2）在设计时，一个 MDI 子窗体将像其他窗体一样显示，因为该窗体仅在运行时才被显示在父窗体内部。在"工程"窗口中一个 MDI 子窗体的图标与别的窗体的图标是不同的。

（3）MDI 子窗体不能是模式的。

（4）MDI 子窗体的初始化大小和位置受 Microsoft Windows 操作环境控制，除非特别在 Load 事件过程中进行设置。

如果 MDI 子窗体在其父窗体装入之前被引用，则其 MDI 父窗体将被自动装入。然而，如果 MDI 父窗体在 MDI 子窗体装入前被引用，则子窗体并不被自动装入。

2．Arrange 方法

MDI 应用程序中，可以包含多个子窗体。用 Arrange 方法可以重排 MDIForm 对象中的子窗体。语法格式如下：

<MDI 主窗体名>.Arrange <参数>

"参数"是一个整数，用于表示排列方式，系统提供四种选择，如表 4.33 所示。

表 4.33

常　　数	值	描　　述
vbCascade	0	层叠所有非最小化 MDI 子窗体
vbTileHorizontal	1	水平平铺所有非最小化 MDI 子窗体
vbTileVertical	2	垂直平铺所有非最小化 MDI 子窗体
vbArrangeIcons	3	重排最小化 MDI 子窗体的图标

习题 4

一、选择题

1．菜单栏的顶层菜单控件（　　）。

　A．不允许设置快捷键　　　　　　　B．允许设计快捷键

　C．不存在 Shortcut 属性　　　　　　D．有子菜单时允许快捷键

2．通常使用（　　）方法来显示自定义对话框。

　A．Load　　　　　B．Show　　　　　C．Unload　　　　D．Hide

3．将通用对话框 CommonDialog1 的类型设置为"颜色"对话框，可以调用该对话框的（　　）方法。

　A．ShowOpen　　　　　　　　　　　B．ShowSave

　C．ShowColor　　　　　　　　　　　D．ShowFont

4．用户可以通过设置菜单项的（　　）属性值为 False 来使该菜单项不可见。

　A．Hide　　　　　B．Checked　　　　C．Visible　　　　D．Enabled

5．通用对话框控件可通过调整 Action 属性而改变成各种实用的对话框，但它不能改变成（　　）对话框。

　A．字体　　　　　B．帮助　　　　　C．设置　　　　　D．打开

6．MDI 子窗体永远不能移出主窗体（　　）。

　A．对　　　　　　B．错

7．一个 MDI 主窗体可以包含多个子窗体（　　）。

　A．对　　　　　　B．错

二、填空题

1．在 Visual Basic 6.0 的菜单栏中选择"工具"→_____菜单项，弹出"菜单编辑器"对话框。

2．在菜单编辑器的"标题"框中输入一个_____，即可在菜单中添加分隔线。

3．在工具箱中要添加工具栏和状态栏控件的方法是：打开"工程"→＿＿＿＿＿菜单项，在出现的对话框中，选中＿＿＿＿＿即可。

4．一个应用程序只能定义＿＿＿＿＿个 MDI 主窗体，而主窗体可以有＿＿＿＿＿个 MDI 子窗体。

5．若要装入并显示窗体，需要使用＿＿＿＿＿方法。

三、问答题

1．设计菜单项时，符号"&"的作用是什么？

2．将某列菜单和将某列菜单中的部分菜单项作为弹出式菜单中的内容，在设计时是否相同？试说明理由。

3．为什么在设计工具栏时通常会用到 ImageList 控件？

4．Visual Basic 6.0 中状态栏控件最多能被分割成几个窗格？

5．模式对话框和无模式对话框有什么区别？

6．多文档窗体和多重窗体有什么区别？

7．如何添加一个 MDI 窗体？

8．如何将一个 MDI 父窗体中的多个 MDI 子窗体进行窗体排列？

第二篇　进　阶　篇

第5章　Windows 程序仿制

本章学习要点

1. 掌握 Visual Basic 6.0 可视化程序设计方法。
2. 熟练运用 Visual Basic 6.0 常用控件解决问题。
3. 会模仿制作简单的 Windows 程序。
4. 学会设计多文档窗体。

学习了 Visual Basic 6.0 基本编程基础及常用控件，我们对 Visual Basic 6.0 编程的基本思路和方法已有了一定的认识，要想成为好的程序员，还必须掌握更深、更复杂的知识，需要进一步学习和探索。

5.1　Windows 小程序集锦

本节通过介绍两个综合的程序实例，来帮助大家进一步加深对 Visual Basic 6.0 常用控件的了解。实例中所用的控件、编程方法都是前面学习过的基础知识。

本实例由一个主窗口进入，然后通过单击不同的选项来调用各个小程序，其界面如图 5.1 所示。

1. 任务分析

（1）主界面：由一个按钮和一个标签组成，单击按钮进入第二个窗体"程序浏览"窗口，如图 5.2 所示。

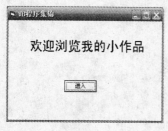

图 5.1

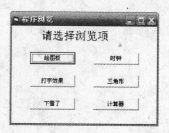

图 5.2

（2）程序浏览：由一个标签、六个按钮组成，单击不同按钮，进入不同功能窗体。

（3）绘图板：由绘图区（Frame1）、图形（Frame2）、调色板（Frame3）、图片框（Picture2）、三个标签 R、G、B 和三个滚动条（HScroll1、HScroll2、HScroll3）、粗细（Frame4）及两个按钮组成，如图 5.3 所示。当选择颜色、图形及粗细后，可在绘图区绘制直线和圆；当单击"清除"按钮时，则清除绘图区；当单击"返回"按钮则回到"程序浏览"窗口。

（4）打字效果：由一个标签、一个多行文本框和一个计时器组成，如图 5.4 所示。当计时器变化时，就像打字一样，一个字一个字地输出一首诗。单击窗体时则关闭窗体。

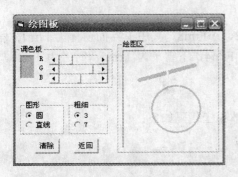
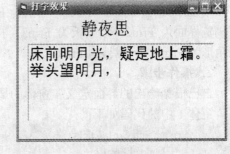

图 5.3　　　　　　　　　　　　　　　　　图 5.4

（5）下雪了：由一个标签和一个计时器组成，如图 5.5 所示。当计时器变化时，要求模仿下雪效果，同时不断从左向右显示"下雪啦…!"的字样。当在窗体上单击鼠标（MouseDown 事件）时，关闭该窗体。

（6）时钟：一个计时器、四个标签（表示 3、6、9、12）、Lineh 时、Linem 分、Lines 秒、一组 Line1（0～11，12 条短线）组成，如图 5.6 所示。要求制作一个时钟显示当前系统时间。

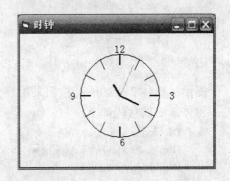

图 5.5　　　　　　　　　　　　　　　　　图 5.6

（7）三角形：由 Frame1"请输入各边边长"（三个标签名、三个文本框）、Frame2"显示计算结果"（四个标签、四个文本框）及三个按钮组成，如图 5.7 所示。要求输入三条边，单击"判断并计算"来验证是否构成三角形，若是则显示相应项目；单击"清除再来"则清空所有文本框；单击"返回"则关闭当前窗体，回到"程序浏览"窗口。

（8）计算器：由一个文本框 Text1 和一组命令按钮数组 Command1(0～16)组成，如图 5.8 所示。要求完成带小数点的加、减、乘、除运算。

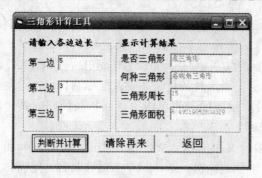

图 5.7　　　　　　　　　　　　　　　图 5.8

本程序共有八个窗体，名称分别为 Frm1、Frm2、…Frm8。其中主界面窗体为 Frm1，程序浏览界面为 Frm2，绘图板为 Frm3，打字效果为 Frm4，下雪了为 Frm5，时钟为 Frm6，三角形为 Frm7，计算器为 Frm8。

2. 操作步骤

自己根据给出的界面定义各窗体的属性，各窗体相应代码如下：

窗体 1 中的代码如下：

```
Private Sub Cm1_Click()
    Unload Frm1
    Frm2.Show
End Sub
```

窗体 2 中的代码如下：

```
Private Sub Command1_Click(Index As Integer)
Select Case (Index)
    Case 0: Frm3.Show        '用按钮数组 command1(0～5)的 Inder 判断被单击的按钮
    Case 1: Frm4.Show
    Case 2: Frm5.Show
    Case 3: Frm6.Show
    Case 4: Frm7.Show
    Case 5: Frm8.Show
End Select
End Sub
```

提示：窗体 2 中的所有按钮采用控件数组完成。

窗体 3 中的代码如下：

```
Dim ax As Single, ay As Single
Dim px As Single, py As Single
Dim Temp As Integer
Dim bcolor
Private Sub Command2_Click()        '清除绘图板
    Picture1.Cls
End Sub

Private Sub Command3_Click()        '返回程序浏览窗口
    Unload Frm3
    Frm2.Show
End Sub
```

```vb
Private Sub Form_Load()                '初始化
Picture2.BackColor = RGB(HScroll1.Value, HScroll2.Value, HScroll3.Value)
    ax = 0
    ay = 0
    px = 0
    py = 0
  Label2.Caption = ""
End Sub

Private Sub HScroll1_Change()          '改变绘图颜色
  Picture1.ForeColor = RGB(HScroll1.Value, HScroll2.Value, HScroll3.Value)
  Picture2.BackColor = RGB(HScroll1.Value, HScroll2.Value, HScroll3.Value)
End Sub

Private Sub HScroll2_Change()
    Picture1.ForeColor = RGB(HScroll1.Value, HScroll2.Value, HScroll3.Value)
  Picture2.BackColor = RGB(HScroll1.Value, HScroll2.Value, HScroll3.Value)
End Sub

Private Sub HScroll3_Change()
    Picture1.ForeColor = RGB(HScroll1.Value, HScroll2.Value, HScroll3.Value)
  Picture2.BackColor = RGB(HScroll1.Value, HScroll2.Value, HScroll3.Value)
End Sub

Private Sub Option1_Click()            '选择图形
    Temp = 1
End Sub

Private Sub Option2_Click()
  Temp = 2
End Sub

Private Sub Option3_Click()            '选择绘图笔粗细
    Picture1.DrawWidth = 3
End Sub

Private Sub Option4_Click()
    Picture1.DrawWidth = 7
End Sub

Private Sub Picture1_MouseDown(Button As Integer, Shift As Integer, x As Single, y As Single)
                              '绘图区用鼠标绘图
If   Button = 1 Then
    ax = x
    ay = y
End If
End Sub

Private Sub Picture1_MouseUp(Button As Integer, Shift As Integer, x As Single, y As Single)
  If   Button = 1 Then
      If Temp = 2 Then
```

```
                Picture1.Line (ax, ay)-(x, y)
        Else    If Temp = 1 Then
                    Picture1.Circle ((ax + x) / 2, (ay + y) / 2), 0.5 * Sqr((x - ax) ^ 2 + (y - ay) ^ 2)
        End If
        ax = 0
        ay = 0
        px = 0
        py = 0
    End If
End Sub

Private Sub Picture1_MouseMove(Button As Integer, Shift As Integer, x As Single, y As Single)
If   Temp = 2 Then
    Picture1.Line (ax, ay)-(px, py), Picture1.BackColor
End If
If   Temp = 1 Then
    Picture1.Circle ((ax + px) / 2, (ay + py) / 2), 0.5 * Sqr((px - ax) ^ 2 + (py - ay) ^ 2),
Picture1.BackColor
End If
If   Button = 1 Then
    If   Temp = 2 Then
        Picture1.Line (ax, ay)-(x, y)
        px = x
        py = y
    End If
    If   Temp = 1 Then
        Picture1.Circle ((ax + x) / 2, (ay + y) / 2), 0.5 * Sqr((x - ax) ^ 2 + (y - ay) ^ 2)
        px = x
        py = y
    End If
End If
End Sub
```

窗体 4 中的代码如下：

```
Dim pos As Integer
Private Sub Form_Click()              '点击窗体，关闭程序
    Unload Me
End Sub

Private Sub Timer1_Timer()
    Dim len1 As Long
    Dim str1 As String
    Dim str2 As String
    str1 = "床前明月光，疑是地上霜。举头望明月，低头思故乡。"
     '要显示的显示信息，可自行修改
    len1 = Len(str1)              '得到文本长度
    With Text1
.FontSize = 20
.FontName = "黑体"
```

```
        .ForeColor = &HFF0000
        .BackColor = &HFFFF&
            End With
            str2 = Mid(str1, pos + 1, 1)        '每次取一个字符一个字一个字地显示
            SendKeys str2                        '模拟键盘发送字符
            pos = pos + 1
            If (pos + 1) > len1 Then            '送出最后一个字符后，再重新开始
        SendKeys "{enter}"                       '换行
        pos = 0
            End If
        End Sub
```

窗体 5 中的代码如下：

```
    Private Sub Form_Load()
        DoEvents
        Randomize
        Amounty = 325
        For J = 1 To Amounty
            Snow(J, 0) = Int(Rnd * Frm5.Width)
            Snow(J, 1) = Int(Rnd * Frm5.Height)
            Snow(J, 2) = 10 + (Rnd * 20)
        Next J
        Do While Not (DoEvents = 0)
            For ls = 1 To 10
            For i = 1 To Amounty
        Snow(i, 1) = Snow(i, 1) + Snow(i, 2)
        If Snow(i, 1) > Frm5.Height Then
            Snow(i, 1) = 0: Snow(i, 2) = 2 + (Rnd * 30)
            Snow(i, 0) = Int(Rnd * Frm5.Width)
        End If
        Circle (Snow(i, 0), Snow(i, 1)), 15 * Rnd, RGB(255, 255, 255)
        Next i
            Next ls
            Frm5.Cls
        Loop
        End
    End Sub

    Private Sub Form_MouseDown(Button As Integer, Shift As Integer, x As Single, y As Single)
        Unload Me
    End Sub

    Private Sub Timer1_Timer()
        If Label1.Left > Frm5.Width Then
    Label1.Left = -Label1.Width
        Else
    Label1.Move Label1.Left + 20
        End If
    End Sub
```

窗体 6 中的代码如下：

```
Const DX = 2400
Const DY = 1440
Const PI = 3.14159265
Private Sub Form_Load()
    Linem.X1 = DX
    Linem.Y1 = DY
    Lines.X1 = DX
    Lines.Y1 = DY
    Lineh.X1 = DX
    Lineh.Y1 = DY
End Sub

Private Sub Timer1_Timer()
    Dim h As Integer, S As Integer, mm As Integer
    S = Second(Time)
    mm = Minute(Time)
    h = Hour(Time)
    If   h > 12 Then h = h - 12
        Lineh.X2 = 300 * Cos((h - 12) * 2 * PI / 12 - PI / 2) + DX
        Lineh.Y2 = 300 * Sin((h - 12) * 2 * PI / 12 - PI / 2) + DY
        Lines.X2 = 800 * Cos((S - 60) * 2 * PI / 60 - PI / 2) + DX
        Lines.Y2 = 800 * Sin((S - 60) * 2 * PI / 60 - PI / 2) + DY
        Linem.X2 = 500 * Cos((mm - 60) * 2 * PI / 60 - PI / 2) + DX
        Linem.Y2 = 500 * Sin((mm - 60) * 2 * PI / 60 - PI / 2) + DY
End Sub
```

窗体 7 中的代码如下：

```
Option Explicit
Dim a As Single
Dim b As Single
Dim c As Single
Dim S As Double
Dim L As Single

Private Sub Command1_Click()
    a = Val(Text5.Text)
    b = Val(Text6.Text)
    c = Val(Text7.Text)
    If   a + b > c And a + c > b And b + c > a Then
        Text1.Text = "是三角形"
        If   a ^ 2 + b ^ 2 = c ^ 2 Or a ^ 2 + c ^ 2 = b ^ 2 Or b ^ 2 + c ^ 2 = a ^ 2 Then
            Text2.Text = "是直角三角形"
         Else
        If   a ^ 2 + b ^ 2 > c ^ 2 Or a ^ 2 + c ^ 2 > b ^ 2 Or b ^ 2 + c ^ 2 > a ^ 2 Then
            Text2.Text = "是锐角三角形"
        Else Text2.Text = "是钝角三角形"
        End If
```

```
            End If
                Text3.Text = a + b + c
                L = (a + b + c) / 2
                Text4.Text = Sqr(L * (L - a) * (L - b) * (L - c))
            Else Text1.Text = "非三角形"
                    Text2.Text = ""
                    Text3.Text = ""
                    Text4.Text = ""
        End If
        Command2.Enabled = True
End Sub

Private Sub Command2_Click()
        Text1.Text = ""
        Text2.Text = ""
        Text3.Text = ""
        Text4.Text = ""
        Text5.Text = ""
        Text6.Text = ""
        Text7.Text = ""
        Command2.Enabled = False
End Sub

Private Sub Command3_Click()
        Frm2.Show
        Unload Frm7
End Sub

Private Sub Form_Load()
        Text1.Enabled = False
        Text2.Enabled = False
        Text3.Enabled = False
        Text4.Enabled = False
        Command2.Enabled = False
End Sub
```

窗体 8 中的代码：

```
    Dim num1, num2 As Single
    Dim strnum1, strnum2 As String
    Dim firstnum As Boolean         '判断是否是数字开头
    Dim pointflag As Boolean        '判断是否已有小数点
    Dim runsign As Integer          '储存运算符号
    Dim signflag As Boolean         '判断是否已有运算符号
    Sub ClearData()                 '清除过程：自定义过程（参见 3.5.3 节拓展知识）
        num1 = 0
        num2 = 0
        strnum1 = ""
        strnum2 = ""
        firstnum = True
```

```
            pointflag = False
            runsign = 0
            signflag = False
            Text1.Text = "0."
    End Sub

    Sub Run()                          '运算程序：自定义过程（参见 3.5.3 节拓展知识）
            num1 = Val(strnum2)
            num2 = Val(strnum1)
            Select Case runsign
              Case 1
                equal = num1 + num2
              Case 2
                equal = num1 - num2
              Case 3
                equal = num1 * num2
              Case 4
                equal = num1 / num2
            End Select
            strnum2 = Trim(Str(equal))
            strnum1 = strnum2
            Text1.Text = strnum1
    End Sub

    Private Sub Command1_Click(Index As Integer)
        Select Case Index
          Case 0 To 9
            If firstnum Then
                strnum1 = Trim(Str(Index))
                firstnum = False
            Else
                strnum1 = strnum1 + Trim(Str(Index))
            End If
            Text1.Text = Trim(strnum1)
          Case 10
            If Not pointflag Then
                If firstnum Then
                    strnum1 = "0."
                    firstnum = False
                Else
                    strnum1 = strnum1 + "."
                End If
            Else
                Exit Sub
            End If
            pointflag = True
            Text1.Text = strnum1
```

```
    Case 12 To 15
            firstnum = True
            pointflag = False          '还原标记值
            If signflag Then
            Call Run                   '调用 run 程序
        Else
            signflag = True
            strnum2 = strnum1
            strnum1 = ""
        End If
    runsign = Index - 11
    Case 11
        If   Not signflag Then
            Text1.Text = strnum1
            equal = Val(strnum1)
            firstnum = True
            pointflag = False
         Else
            Call Run
            signflag = False
        End If
    Case 16
            Call ClearData
    End Select
End Sub

Private Sub Form_Load()
    Call ClearData     '调用清除过程
End Sub
```

5.2　仿制多文档 Note

　　学习了前两章的知识后，我们就可以综合运用这些知识仿制一个具有多文档界面的 Note 应用程序，如图 5.9 所示。

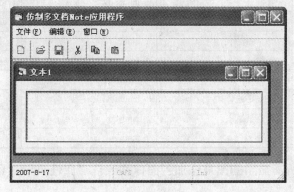

图 5.9

1．任务分析

我们知道 Windows 中的 Note（记事本）是一个单文档界面的应用程序，本任务设计的主要目的是综合本章所学的一些知识要点，设计一个具有简单功能的多文档界面的 Note。

图 5.10

应用程序具有对多文档进行"新建"、"打开"、"保存"等简单的编辑功能以及对多个子窗体进行排列等功能。

2．操作步骤

步骤 1：在工程中添加一个 MDI 窗体，并将另一个 Form1 设置为子窗体。

步骤 2：设计 MDI 窗体的界面（如图 5.10 所示）。

（1）窗体的属性设置（如表 5.1 所示）。

表 5.1

对　象	属　性	属 性 值
窗体（Form）	Name（名称）	NoteMDI
	Caption	仿制多文档 Note 应用程序
	WindowsState	2-Maximized

（2）窗体中菜单设计如表 5.2 所示。

表 5.2

菜单项类别	标　题	名　称	快 捷 键
主菜单	文件（&F）	mnufile	
第一级子菜单	新建	mnunew	
	打开	mnuopen	
	保存	mnusave	
	—	mnu1	
	退出（&X）	mnuexit	
主菜单	编辑（&E）	mnuedit	
第一级子菜单	剪切	mnucut	Ctrl+X
	复制	mnucopy	Ctrl+C
	粘贴	mnupaste	Ctrl+V
	—	mnu2	
	清除	mnuclear	
主菜单	窗口（&W）	mnuform	
第一级子菜单	水平平铺	mnuhort	
	垂直平铺	mnuverr	
	层叠	mnucas	

（3）将工具栏中所需显示的图片添加到图像列表框"属性页"对话框的"图像"选项卡中。

（4）将窗体中工具栏控件的"属性页"对话框的"通用"选项卡中的"图像列表"设置为 ImageList1， 即前面所设计好的图像列表框。同时在"按钮"选项卡中完成如表 5.3 所示的设置。

表 5.3

索 引	关 键 字	样 式	工具提示文本	图 像
1	New	0-tbrDefaul	新建	1
2	Open	0-tbrDefaul	打开	2
3	Save	0-tbrDefaul	保存	3
4	Cut	0-tbrDefaul	剪切	4
5	Copy	0-tbrDefaul	复制	5
6	Paste	0-tbrDefaul	粘贴	6

（5）在状态栏控件的"属性页"对话框的"窗格"选项卡中完成如表 5.4 所示的设置。

表 5.4

索 引	样 式	最小宽度	有 效
1	6-sbrData	1 900	是
2	1-sbrCaps	1 440	否
3	3-sbrIns	1 440	否

（6）MDI 窗体的事件与事件过程设计。

```
Private Sub mnunew_Click()
    Dim newfrm As Form1
    Static n As Integer
    n = n + 1
    Set newfrm = New Form1
    newfrm.Caption = "文本" & n
    newfrm.Show
End Sub

Private Sub mnuopen_Click()
    Dim newfrm As Form1
    Set newfrm = New Form1
    CommonDialog1.DialogTitle = "打开文件"
    CommonDialog1.InitDir = "c:\my documents\"
    CommonDialog1.Filter = "文本文件|*.txt"
    CommonDialog1.FilterIndex = 1
    CommonDialog1.ShowOpen
    newfrm.RichTextBox1.LoadFile CommonDialog1.FileName, 1
    newfrm.Caption = CommonDialog1.FileName
End Sub

Private Sub mnusave_Click()
    Dim newfrm As Form1
```

```
        Set newfrm = MDIForm1.ActiveForm
    If   newfrm.RichTextBox1.Text = "" Then
            MsgBox ("请在你的文本文件中输入内容！")
            newfrm.SetFocus
    Else
            CommonDialog1.DialogTitle = "保存文件"
            CommonDialog1.InitDir = "c:\my documents\"
            CommonDialog1.Filter = "文本文件|*.txt"
            CommonDialog1.FilterIndex = 1
            CommonDialog1.Flags = 6
            CommonDialog1.FileName = newfrm.Caption
            CommonDialog1.ShowSave
            newfrm.RichTextBox1.SaveFile CommonDialog1.FileName, 1
            newfrm.Caption = CommonDialog1.FileName
    End If
End Sub

Private Sub mnuexit_Click()
    End
End Sub

Private Sub mnucut_Click()
    Dim newfrm As Form1
    Set newfrm = MDIForm1.ActiveForm
    If newfrm.RichTextBox1.SelLength = 0 Then Exit Sub
    Clipboard.SetText newfrm.RichTextBox1.SelText
    newfrm.RichTextBox1.SelText = ""
    newfrm.SetFocus
End Sub

Private Sub mnucopy_Click()
    Dim newfrm As Form1
    Set newfrm = MDIForm1.ActiveForm
    If   newfrm.RichTextBox1.SelLength = 0 Then Exit Sub
    Clipboard.SetText newfrm.RichTextBox1.SelText
End Sub

Private Sub mnupaste_Click()
    Dim newfrm As Form1
    Set newfrm = MDIForm1.ActiveForm
    newfrm.RichTextBox1.SelText = Clipboard.GetText
    newfrm.SetFocus
End Sub

Private Sub mnuclear_Click()
    Dim newfrm As Form1
    Set newfrm = MDIForm1.ActiveForm
    If clear.Checked Then
```

```
                    clear.Checked = False
                    newfrm.RichTextBox1.Text = ""
              Else
                    clear.Checked = True
              End If
        End Sub

        Private Sub mnuhor_Click()
              MDIForm1.Arrange 1
        End Sub

        Private Sub mnuver_Click()
              MDIForm1.Arrange 2
        End Sub

        Private Sub mnucas_Click()
              MDIForm1.Arrange 0
        End Sub

        Private Sub Toolbar1_ButtonClick(ByVal Button As MSComctlLib.Button)
              Select Case Button.Index
                    Case 1
                          mnunew_Click
                    Case 2
                          mnuopen_Click
                    Case 3
                          mnusave_Click
                    Case 4
                          mnucut_Click
                    Case 5
                          mnucopy_Click
                    Case 6
                          mnupaste_Click
              End Select
        End Sub
```

步骤 3：设计子窗体的界面（如图 5.11 所示）。

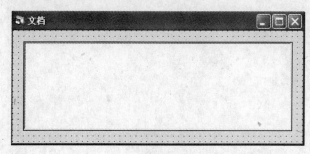

图 5.11

窗体中需添加一个 RichTextBox，用于输入文本，属性设置如表 5.5 所示。

表 5.5

对　象	属　性	属　性　值
窗体（Form）	Name（名称）	Form1
	Caption	文档

步骤 4：设计子窗体的代码:

```
Private Sub Form_Resize()
    RichTextBox1.Height = ScaleHeight - 500
    RichTextBox1.Width = Width - 500
End Sub
```

 习题 5

用菜单法实现 5.1 节中的 Windows 小程序集锦。

第6章 文件系统控件

本章学习要点

1. 掌握驱动器列表框、目录列表框和文件列表框的使用。
2. 了解设计文件的复制、删除和改名的方法。
3. 了解设计文件的属性的方法。
4. 掌握顺序文件和随机文件的特点。
5. 掌握文件的打开、关闭和对文件的读写操作。
6. 了解排序的算法。
7. 了解程序的错误类型和处理方法。

任何一个具有实际意义的程序，都会产生一定数量的输出。在前面各章中，我们只是将程序的输出结果以某种形式显示在屏幕上。这样的结果是，一旦程序结束，输出的数据也随即消失。然而，在实际应用中，我们经常需要将程序运行过程中产生的各种有效数据长期保存，以便日后使用。为此，通常的做法是将这些有用的信息以文件的形式保存在磁盘上。本章将学习实现文件操作的控件和对文件的一些基本操作。

6.1 如何运用文件系统控件

6.1.1 预备知识

Visual Basic 6.0 中提供了驱动器列表框、目录列表框和文件列表框 3 种标准控件，它们用于显示一台计算机中所包含的磁盘驱动器、目录以及文件等相关信息。图 6.1 显示了三种文件系统控件在工具箱中对应的图标。

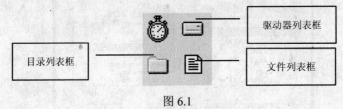

图 6.1

6.1.1.1 驱动器列表框（DriveListBox）

驱动器列表框控件是下拉式列表框。默认状态是在用户系统上显示当前驱动器。当该控件获得焦点时，用户可输入任何有效的驱动器标识符，或者单击驱动器列表框右侧的箭头。用户单击箭头时将列表框下拉以列举当前系统中所有能用的驱动器的名称。若用户从中选定某一驱动器的名字，则这个驱动器名将出现在列表框的顶端。

驱动器列表框的 Drive 属性用于返回设置当前所选驱动器，其默认值为系统的当前工作驱动器。该属性在设计时不能使用。

6.1.1.2　目录列表框（DirListBox）

目录列表框控件的功能是以目录树形式显示指定目录的所有上下级目录。该控件显示了目录的层次化列表，它从最高层目录开始显示用户系统上的当前驱动器目录结构。起初，当前目录名被突出显示，而且当前目录和在目录层次结构中比它更高层的目录一起向根目录方向缩进。在目录列表框中当前目录下的子目录也缩进显示。在列表中上下移动时将依次突出显示每个目录项。用户可以通过文件列表打开任意目录下的一个文件。

目录列表框的 Path 属性用于返回或设置当前所选目录，其默认值为系统的当前工作目录，该属性在设计时不能使用。

驱动器列表框和目录列表框是两个相互独立的控件，二者之间没有任何的关联。为了实现两个列表框显示内容的一致性，要在驱动器列表框的 Change 事件中完成设计。

6.1.1.3　文件列表框（FileListBox）

文件列表框控件的功能是以列表形式显示指定目录中的文件名。该控件显示了一组通过文件类型选定的文件。用户可以在其中选择一个或一组文件。

文件列表框的 Path 属性用于返回或设置文件所在目录，其默认值为系统当前工作目录，该属性在设计阶段不能使用。

6.1.2　实训 1——文件系统控件的使用

【模仿任务】

任务 1：设计如图 6.2 所示窗体。运行程序时，将选中的文件名显示在标签框中。

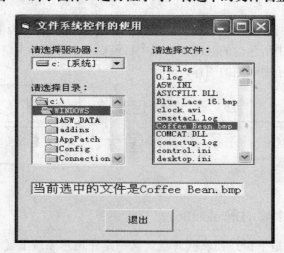

图 6.2

1．任务分析

本任务要求在窗体中添加一个驱动器列表框，一个目录列表框，一个文件列表框、四个标签和一个命令按钮。

2．操作步骤

步骤 1：用户界面设计（如图 6.2 所示）。

步骤 2：属性设置（见表 6.1 所示）。

表 6.1

对　　象	属　　性	属　性　值
窗体（Form1）	Name（名称）	Frmex5_1
	Caption	驱动器列表框的使用
标签 1（Label1）	Caption	请选择驱动器：
标签 2（Label2）	Caption	请选择目录：
标签 3（Label3）	Caption	请选择文件：
标签 4（Label4）	Alignment	2-center
	Appearance	1-3D
	Autosize	True
	Bankcolor	白色
	Caption	置空
	Font	大小：小四
命令按钮 1（Command1）	Name（名称）	cmdexit
	Caption	退出

步骤 3：事件与事件过程设计，相关代码如下：

```
Private Sub Form_Load()
    Label4.Visible = False          '窗体加载时显示信息的标签设置为不显示状态
End Sub

Private Sub Dir1_Change()
    File1.Path = Dir1.Path          '使文件列表框和目录列表框保持同步
End Sub

Private Sub Drive1_Change()
    Dir1.Path = Drive1.Drive        '使目录列表框和驱动器列表框保持同步
End Sub

Private Sub File1_Click()
    Label4.Visible = True
    Label4.Caption = "当前选中的文件是" & File1.FileName
End Sub
```

```
Private Sub cmdexit_Click()
    End
End Sub
```

【理论概括】（见表 6.2）

表 6.2

思 考 点	你在实验后的理解	实 际 含 义
此窗体的功能描述		
驱动器列表框的作用		
目录列表框的作用		
文件列表框的作用		
File1_Click()事件的含义		
如何保持目录列表与驱动器同步		
如何保持文件列表与目录同步		

【仿制任务】

制作一个图片浏览器，如图 6.3 所示。当用户双击某个图片文件时，立即在图像框中显示该图像。

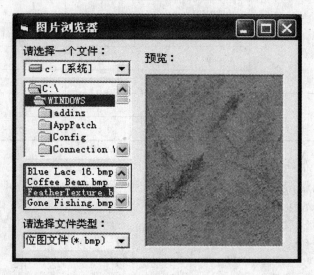

图 6.3

1．任务分析

本任务窗体主要由驱动器列表框、目录列表框、文件列表框、图像框、组合框和标签框组成。

2．操作步骤

步骤 1：用户界面设计（如图 6.3 所示）。

步骤 2：属性设置，完成表 6.3。

表6.3

对 象	属 性	属 性 值
窗体（Form1）	Name（名称）	Frmex5_2
	Caption	
标签 1（Label1）	Caption	
标签 2（Label2）	Caption	
标签 3（Label3）	Caption	
图像 1（Image1）	Stretch	
	Appearance	

步骤 3：事件与事件过程，请补充完整：

```
Private Sub Form_Load()
    _____        '向组合框中添加"位图文件"项
    Combo1.AddItem "图标文件(*.ico)"
    Combo1.AddItem "GIF 文件(*.gif)"
    Combo1.AddItem "JPEG 文件(*.jpg)"
    Combo1.ListIndex = 0
    File1.Pattern = "_____"
End Sub
'根据用户对组合框的选择来设置文件列表框中的文件类型。
Private Sub Combo1_click()
    Select Case Combo1.ListIndex
    Case 0
        File1.Pattern = "*.bmp"
    Case 1
        File1.Pattern = "_____"
    Case 2
        File1.Pattern = "_____"
    Case 3
        File1.Pattern = "*.jpg"
    End Select
End Sub

Private Sub Dir1_Change()
    _____

End Sub
Private Sub Drive1_Change()

    _____

End Sub
'单击文件列表框中某个图形文件时，将其显示在图像框中。
Private Sub File1_Click()
    If   Right(File1.Path, 1) = "\" Then
        Image1.Picture = LoadPicture(File1.Path & File1.FileName)
    Else
        Image1.Picture = LoadPicture(_____)
```

```
          End If
      End Sub
```

注意：

① 文件列表框中的 Pattern 属性用于返回或设置在文件列表框中所列文件名的文件类型。本任务中，根据用户在组合框中的不同选择，使用 Select 语句为文件列表框指定不同的 Pattern 属性值。

② 文件列表框 FileName 属性用于返回或设置当前所选文件的文件名。为了获取完整的文件名（包括文件所在的目录及其文件名），应将文件列表框的 Path 属性值（文件所在目录）与 FileName 属性值（文件的名称）用"\"进行连接。但当文件所在目录为根目录时，直接将 Path 属性值与 FileName 属性值连接即可，无须使用"\"。

6.1.3 拓展知识

6.1.3.1 文件的属性

保存在磁盘上的文件有四种不同的类型：只读、隐藏、系统、存档。一般情况下，文件列表框中不显示隐藏类型的文件和系统文件。在 Visual Basic 6.0 中，我们可以利用 GetAttr 函数显示出文件的属性，利用 SetAttr 语句来设置文件的属性。

（1）GetAttr 函数

GetAttr 函数返回一个 Integer，即一个文件、目录或文件夹的属性，如表 6.4 所示。

语法：

```
      GetAttr(pathname)
```

必要的 pathname 参数是用来指定一个文件名的字符串表达式，pathname 可以包含目录或文件夹以及驱动器。

表 6.4

常　　数	值	说　　明
vbNormal	0	常规
vbReadOnly	1	只读
vbHidden	2	隐藏
vbSystem	4	系统文件
vbDirectory	16	目录或文件夹
vbArchive	32	存档
Vbalias	64	指定的文件名是别名

若要判断是否设置了某个属性值，在 GetAttr 函数和想得到的属性值之间使用 And 运算符并逐位比较。如果得到的结果不为零，则表示设置了这个属性值。

（2）SetAttr 语句

SetAttr 语句为一个文件设置属性信息。

语法：

SetAttr pathname, attributes

其中 pathname 是必要参数,用来指定一个文件名的字符串表达式,可能包含目录或文件夹及驱动器。Attributes 是必要参数,常数或数值表达式,其总和用来表示文件的属性。

案例 1 现编写一个程序,窗体如图 6.4 所示。选择文件夹中的任意一个文件,单击"读取"按钮,则程序需显示出该文件的属性(隐藏、只读、系统和存档),修改该文件的属性,单击"修改"按钮,则该文件的属性也相应改变。

操作步骤

步骤 1:用户界面的设计(如图 6.4 所示)。

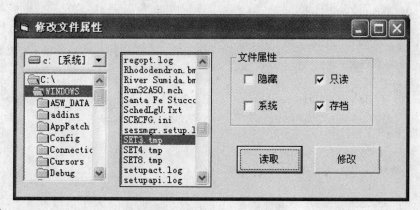

图 6.4

步骤 2:属性设置(如表 6.5 所示)。

表 6.5

对 象	属 性	设 置 值
窗体(Form1)	Name(名称)	Frmex5_4
	Caption	修改文件属性
框架 1(Frame1)	Caption	文件属性
复选框 1(CheckBox1)	Name(名称)	隐藏
	Caption	Chkhide
复选框 2(CheckBox2)	Name(名称)	只读
	Caption	Chkreadonly
复选框 3(CheckBox3)	Name(名称)	系统
	Caption	Chksys
复选框 4(CheckBox4)	Name(名称)	存档
	Caption	Chkarchive
命令按钮 1(Command1)	Name(名称)	读取
	Caption	Cmdget
命令按钮 2(Command2)	Name(名称)	修改
	Caption	Cmdmod

步骤 3：事件与事件过程设计，相关代码如下：

```
Private Sub cmdget_Click()
    Dim f As Integer
    f = GetAttr(Dir1.Path & "\" & File1.FileName)
    If   (f And 1) = 1 Then
         chkreadonly.Value = Checked
    Else
         chkreadonly.Value = Unchecked
    End If
    If   (f And 2) = 2 Then
         chkhide.Value = Checked
    Else
         chkhide.Value = Unchecked
    End If
    If   (f And 4) = 4 Then
         chksys.Value = Checked
    Else
         chksys.Value = Unchecked
    End If
    If   (f And 32) = 32 Then
         chkarchive.Value = Checked
    Else
         chkarchive.Value = Unchecked
    End If
End Sub

Private Sub cmdmod_Click()
    Dim f As Integer
    f = 0
    If   chkreadonly.Value = Checked Then f = f + 1
    If   chkhide.Value = Checked Then f = f + 2
    If   chksys.Value = Checked Then f = f + 4
    If   chkarchive.Value = Checked Then f = f + 32
    SetAttr Dir1.Path & "/" & File1.FileName, f
End Sub

Private Sub Dir1_Change()
    File1.Path = Dir1.Path
End Sub

Private Sub Drive1_Change()
    Dir1.Path = Drive1.Drive
End Sub
```

6.1.3.2　文件系统对象

Visual Basic 6.0 新增了文件系统对象（FSO）模型，它提供了一种基于对象的工具来处理文件和文件夹。用户在编写程序时可以通过这种对象提供的丰富属性和方法来处理计算机的文件系统。

1. FSO 对象的引入

FSO 对象模型包含在一个称为 Scripting 的类型库中，此类型库位于 Scrrun.dll 文件中，因此，在使用 FSO 对象之前，应先把 Scripting 类型库引入系统。通过选择"工程"菜单的"引用"选项，打开"引用"对话框，选择"Microsoft Scripting Runtime"，再单击"确定"按钮，如图 6.5 所示。

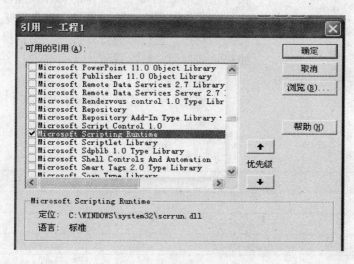

图 6.5

2. FSO 对象

FSO 对象模型中提供了一组对文件系统的驱动器、文件夹和文件进行管理的对象，主要有如表 6.6 所示的 5 个对象。

表 6.6

对　　象	描　　述
FileSystemObject	FSO 模型的核心对象。它提供了用于收集相关信息，以及操纵驱动 QS、文件夹和文件的方法
Drive	用来收集系统中驱动器的信息
Folder	提供对一个文件夹属性的访问，也可以创建、删除或移动文件夹等
File	提供对一个文件属性的访问，也可以创建、删除或移动文件等
TextStream	允许用户读写文本文件

3. 使用 FSO 对象模型编程的主要步骤

（1）创建一个 FileSystemObject 对象。

（2）根据应用程序的需要，有以下两种选择。

① 直接使用 FileSystemObject 对象的方法，进行文件或文件夹的创建、复制、移动、删除等。再生成用于管理驱动器、文件夹和文件的对象来实现其他功能。

② 使用 FileSystemObject 对象的方法创建用于管理驱动器（Drive 对象）、文件夹（Folder 对象）和文件（File 对象）的对象，用新创建的对象进行文件和文件夹的复制、移

动和删除等。

（3）利用第 2 步生成的新对象的属性获取文件系统的信息，或者利用对象的方法进行所需的操作。

图 6.6

4．文件系统对象实例

案例 2　在应用程序中，常常需要对文件夹进行操作（如文件夹的新建、复制、重命名、删除等），下题利用文件系统对象编写一个简单的文件夹操作的窗口程序，单击"新建"、"重命名"、"删除"命令按钮时，分别执行文件夹的新建、重命名及删除操作。用户做删除操作时，系统应该能对用户给出提醒。

操作步骤

步骤 1：用户界面的设计（如图 6.6 所示）。

步骤 2：属性设置（如表 6.7 所示）。

表 6.7

对　　象	属　　性	设　置　值
窗体（Form）	Caption	文件系统对象实例
框架 1（Frame1）	Caption	
框架 2（Frame2）	Caption	
标签 1（Label1）	Caption	文件夹操作
命令按钮 0（Command0）	Caption	新建
命令按钮 1（Command1）	Caption	重命名
命令按钮 2（Command2）	Caption	删除
命令按钮 3（Command3）	Caption	退出

步骤 3：事件与事件过程设计，相关代码如下：

```
Dim fso As New FileSystemObject
Dim drv As Drive
Dim fod As Folder

Private Sub Command1_Click(Index As Integer)
    Set drv = fso.GetDrive(Left(Drive1.Drive, 2))
    Select Case Index
    Case 0
        Set fod = fso.GetFolder(Dir1.Path)
        msg = "输入新建文件夹名：" & Chr(13) & Chr(13) & "当前文件夹名为："
        a = InputBox(msg & fod.Path, "创建新文件夹", "new")
        If    Len(Trim(a)) <> 0 Then Set fod = fso.CreateFolder(a)
    Case 1
        Set fod = fso.GetFolder(Dir1.List(Dir1.ListIndex))
        msg = "输入新的文件夹名：" & Chr(13) & Chr(13) & "文件夹原名为："
        a = InputBox(msg & fod.Path, "文件夹重命名", fod.Name)
        If    Len(Trim(a)) <> 0 Then fod.Name = a
```

```
        Case 2
            Set fod = fso.GetFolder(Dir1.List(Dir1.ListIndex))
            If    Dir1.ListIndex = -1 Then
            MsgBox "不能删除打开的文件夹", vbCritical, "删除"
            Else
            MsgBox "真的要删除以下的文件夹吗" & Chr(13) & Chr(13)
            a = MsgBox(msg & fod.Path, vbInformation + vbOKCancel + vbDefaultButton2, "
            删除文件夹")
            If    a = 1 Then fod.Delete
            End If
        Case 3
            End
        End Select
        Dir1.Refresh
    End Sub

    Private Sub Dir1_Change()
        ChDir Dir1.Path
    End Sub

    Private Sub Drive1_Change()
        Dir1.Path = Drive1.Drive
        ChDrive Drive1.Drive
        ChDir Dir1.Path
    End Sub
```

💡 **注意**：Refresh 是文件列表框的刷新方法。当文件列表框中的内容发生变化时，使用 Refresh 方法来刷新列表框中显示的内容，将复制的文件显示在文件列表框中。

6.2 文件格式与文件操作

6.2.1 预备知识

文件是一种在物理介质上存储数据的数据结构，是指存放在外部介质上的数据的集合。每个文件都有一个文件名。利用文件可以将内存中的数据永久保存到外部设备（如磁盘）中。我们知道，内存是一种易失性存储元件，掉电后其中的内容便会消失，因此，为保存一些有用的数据，就需要通过文件系统将内存中的内容转存到磁盘或其他的存储介质中。

我们可以从不同的角度对文件进行分类。按文件的内容区分，可分为程序文件和数据文件。按文件存储信息的形式区分，可分为文本文件和二进制文件。从文件的组织形式可分为顺序文件和随机文件。

6.2.1.1　顺序文件

顺序文件就是采用顺序存储方式存储的文件。也就是说，文件中各记录的写入顺序、在文件中存放的顺序和从文件中读出记录的顺序三者一致。即先写入的记录放在最前面，也最早被读出。

从顺序文件中读取记录必须从第一个记录开始，哪怕你要读取的是最后一个记录，也要先将它之前的记录一一读过。

1．顺序文件的打开和关闭

在对顺序文件进行操作之前必须用 Open 语句打开要操作的文件。在对一个文件的操作完成之后要用 Close 语句将它关闭。

（1）Open 语句的一般格式：

> Open　<文件名>　[For　打开方式]　As[#]<文件号>

其中，文件名是将打开操作的文件的名字。

For 是一个关键字，它后面的文件打开方式有三种：

- Input——从打开的文件中读取数据。
- Output——从计算机向打开的文件写数据。如果该文件原来有数据，则原来的数据被删去，新写上的数据覆盖已有的数据。
- Append——向文件尾部追加数据。

As 是一个关键字，它用来打开一个文件指定的文件号。#是可选项。文件号是一个从 1 到 511 之间的整数，用来代表所打开的文件。

（2）Close 语句的一般格式：

> Close　[文件号列表]

其中，文件号和 Open 语句中的文件号相对应。如果 Close 没有加文件号，就是将所有的文件都关闭。

例如，打开 D 盘上的 student.dat 文件，打开方式为 Input，用户指定文件号为 1。将该文件关闭。语句实现如下：

> Open "d:\student.dat" For Input As #1
> Close　#1

2．顺序文件的写操作

为了建立一个顺序文件，先要向新的文件写入若干条记录。在用 Print #或 Write #对文件进行写操作时，文件必须用 Output 或 Append 模式打开。Visual Basic 6.0 提供了两个向文件写入数据的语句，即 Print #语句和 Write #语句。

（1）Print #语句

Print #语句的一般格式：

> Print #<文件号>, [输出列表[,|;]]

其中，<文件号>是 Open 语句中所指示的。输出列表参数表示要写入到文件号中的数据，可以是变量名或常量表达式。"，" 和 "；" 决定下一个字符输出的位置，"；" 表示下一个字符紧随其前面一个字符输出，"，" 表示下一个字符在下一个输出区开始输出。若不加 "，" 或 "；" 参数，Print 语句会在字符结束处添加一个回车/换行符。例如：

> Open "d:\temp.dat" For Output As #2
> Print #2,"study";"Visual";"Basic"

```
        Close #2
```
执行此程序后，写入到文件"temp.dat"的数据为：

studyVisualBasic

三个字符串之间没有空格，如果将 Print 语句改为：Print #2,"study","Visual","Basic"
写入 temp.dat 文件的数据内容为：

study　　　　　　Visual　　　　　　Basic

每个数据占 14 个字符长的输出区。

（2）Write #语句

Write #语句的一般格式：

Write # <文件号>[,输出列表]

其中，<文件号>是 Open 语句中所指示的。输出列表为要写入文件中的数据。例如：

```
Open "d:\exce.txt" for Output As #1
Write #1,"Hello World!"
Close #1
```

执行此程序后，写入到文件"exce.txt"的内容为：

"Hello World!"

3．顺序文件的读操作

顺序文件的读操作就是将已经建立好的顺序文件中的数据读到计算机中去。在读一个文件时，先要将准备读的文件用 Input 方式打开。Visual Basic 6.0 提供了以下语句和函数对文件进行读操作：

（1）Input 语句

Input 语句的一般格式：

Input # <文件号>,<变量列表>

其中，变量用来存放从顺序文件中读出的数据，变量的个数和类型要和文件的数据情况一致。

（2）Input 函数

Input 函数的一般格式：

Input （整数，[#]<文件号>）

其中，整数为要读取的字符的个数。

（3）Line Input 语句

Line Input 语句的一般格式：

Line Input #<文件号>,<字符串变量>

其中，变量用来接收从顺序文件中读出的一行数据。

6.2.1.2　随机文件

随机文件对文件的读写属性没有限制，可以随意读写某一条记录。这就要求随机文件的记录长度必须固定，以便由记录号定位记录位置。随机文件的读写速度快，而且文件打开后可同时做读、写操作。随机文件的存取无论从空间还是时间的角度都比顺序文件效率更高。

1．随机文件的打开和关闭

（1）Open 语句

随机文件的打开同样用 Open 语句，打开模式必须用 Random，同时要指明记录长度，它的格式如下：

```
Open <文件名> For Random As [#]<文件号> Len =<记录长度>
```

其中，文件名指要打开的文件的名字。For Random 表示打开一个随机文件。Len 用来指定记录的长度。例如：

```
Open "d:\study.txt" For Random As #2 Len=55
```

打开名为"study.txt"的随机文件，文件号为 2，记录长度为 55。

（2）Close 语句

Close 语句和用于顺序文件的 Close 语句相同，用来关闭随机文件。

2. 随机文件的写操作

Visual Basic 6.0 提供 Put 语句用于随机文件的写操作，格式如下：

```
Put #<文件号>,<记录号>,<变量>
```

例如：

```
Put #3, 2, s
```

表示将变量 s 中的内容写到 3 号文件的第 2 条记录中。

3. 随机文件的读操作

Visual Basic 6.0 提供 Get 语句用于随机文件的读操作，格式如下：

```
Get #<文件号>,<记录号>,<变量>
```

例如：

```
Get #1, 6, x
```

表示将#1 文件中的第 6 个记录读出并存放在变量 x 中。

6.2.2 实训 2——顺序文件和随机文件操作

【模仿任务】

任务 1：将第 5.5.2 节仿制多文档 Note 中的"打开"和"保存"的程序代码修改成实现顺序文件操作的代码（字体加粗并有下划线的为修改的代码）。

```
Private Sub mnuopen_Click()
    Dim newfrm As Form1
    Set newfrm = New Form1
    CommonDialog1.DialogTitle = "打开文件"
    CommonDialog1.InitDir = "c:\my documents\"
    CommonDialog1.Filter = "文本文件|*.txt"
    CommonDialog1.FilterIndex = 1
    CommonDialog1.ShowOpen
    '以读方式打开对话框中选定的文件，并指定文件为 1 号
    Open CommonDialog1.FileName For Input As #1
    '未读到文件末尾时
    Do While Not EOF(1)
        '从文件中读出一行字符保存到变量 linestr 中
        Line Input #1, linestr
        '将读出的一行字符连接到字符串 filestr 中，并添加回车换行符
        filestr = filestr & linestr & Chr(13) & Chr(10)
    Loop
```

```
        Close #1
        '将连接后的完整的字符串显示在文本框中
        newfrm.RichTextBox1.Text = filestr
        newfrm.Caption = CommonDialog1.FileName
End Sub

Private Sub mnusave_Click()
        Dim newfrm As Form1
        Set newfrm = MDINote.ActiveForm
        If    newfrm.RichTextBox1.Text = "" Then
                MsgBox ("请在你的文本文件中输入内容！")
                newfrm.SetFocus
        Else
                CommonDialog1.DialogTitle = "保存文件"
                CommonDialog1.InitDir = "c:\my documents\"
                CommonDialog1.Filter = "文本文件|*.txt"
                CommonDialog1.FilterIndex = 1
                CommonDialog1.Flags = 6
                CommonDialog1.FileName = newfrm.Caption
                CommonDialog1.ShowSave
                '以写方式打开对话框中选定的文件，并指定文件号为1
                Open CommonDialog1.FileName For Output As #1
                '将文本框中的文本写入到 1 号文件中
                Print #1, newfrm.RichTextBox1.Text
                '关闭 1 号文件
                Close #1
        End If
End Sub
```

任务 2：用随机文件建立一个通讯录的数据库程序，如图 6.7 所示。

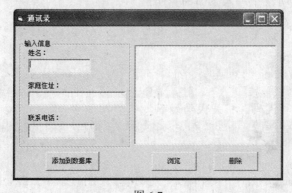

图 6.7

1．任务分析

本任务要求完成设计后，允许用户对文件中的记录进行添加、浏览和删除操作。

2．操作步骤

步骤 1：用户界面设计（如图 6.10 所示）。

步骤 2：属性设置（如表 6.8 所示）。

表 6.8

对　　象	属　　性	属 性 值
窗体（Form1）	Name（名称）	Frmex5_5
	Caption	通讯录
框架 1（Frame1）	Caption	输入信息
标签 1（Label1）	Caption	姓名：
标签 2（Label2）	Caption	家庭住址：
标签 3（Label3）	Caption	联系电话：
文本框 1（Text1）	Name（名称）	txtname
	Text	
文本框 2（Text2）	Name（名称）	txtadd
	Text	
文本框 3（Text3）	Name（名称）	txtphone
	text	
命令按钮 1（Command1）	Name（名称）	cmdadd
	Caption	添加到数据库
命令按钮 2（Command2）	Name（名称）	cmdbrowse
	Caption	浏览
命令按钮 3（Command3）	Name（名称）	Cmddel
	Caption	删除
列表 1（List1）	Name（名称）	List1

步骤 3：定义一个记录，需要添加一个模块文件用以定义用户数据结构。定义一个记录类型，以后将用这个数据结构存储用户信息。在"工程"菜单中选择"添加模块"，在模块的代码窗体的全程声明段中加入下面的声明：

```
Type student
    stuname As String * 10
    stuadd As String * 20
    stuphone As String * 15
End Type
```

步骤 4：为窗体编写代码，相关代码如下：

```
'在窗体的声明部分定义一个常量 datafile 用来存储数据文件名,并用 student.dat 作为文件名来存储
数据信息。
Const datafile As String = "student.dat"
Private Sub cmdadd_Click()    '添加记录：把用户输入的信息写入数据库中。
    Dim stu As student
    Dim f As Integer
    Dim lastrecord As Integer
'下面的条件判断语句用户对用户的输入进行检查，提醒用户输入完整的信息
    If  txtname.Text = "" Or txtadd.Text = "" Or txtphone.Text = "" Then
        MsgBox "不能为空记录！", , "添加"
        Exit Sub
```

```
        End If
        With stu          '将用户记录存放在记录 stu 中


            .stuname = txtname.Text
            .stuadd = txtadd.Text
            .stuphone = txtphone.Text
        End With
        f = FreeFile              '获取文件号
        Open datafile For Random As #f Len = Len(stu)      '以随机方式打开数据文件
        lastrecord = LOF(f) / Len(stu)                     '取得当前文件最后一条记录号
        Put #f, lastrecord+1, stu                          '将用户的输入写入文件尾
        Close #f                                           '关闭文件
        txtname.Text = ""
        txtadd.Text = ""
        txtphone.Text = ""
        cmdbrowse_Click                                    '更新显示
End Sub
'浏览数据库：把数据文件的内容显示在文件列表框中，用随机文件的 Get 得到每条记录，并用
列表框的 Additem 方法将其显示在列表框中。
Private Sub cmdbrowse_Click()
        Dim stu As student
        Dim f As Integer
        Dim num As Integer
        Dim i As Integer
        Dim msg As String
        List1.Clear              '清除当前显示的内容
        f = FreeFile
        Open datafile For Random As #f Len = Len(stu)
        num = LOF(f) / Len(stu)
        '从文件中依次读出记录，组成字符串加入到列表框中显示
        For    i = 1 To num
            Get #f, i, stu
                With stu
                    msg    = .stuname + .stuadd + .stuphone
                End With
            List1.AddItem msg
        Next i
        Close #f
End Sub


Private Sub cmddel_Click()              '删除记录：删除用户指定的记录。
        Dim n As Integer
        Dim recnum As Integer
        Dim i As Integer
        Dim f As String
        Dim stu As student
        n = List1.ListIndex + 1         '确定要删除的文件记录
```

'下面打开数据文件和临时文件并把除要删除记录以外的其他的内容复制到临时文件中然后删除原数据文件，将临时文件更名尾原文件名，完成删除工作。

```
Open "del.tmp" For Random As #1 Len = Len(stu)
Open datafile For Random As #2 Len = Len(stu)
recnum = LOF(2) / Len(stu)
For   i = 1 To recnum
  If   i <> n Then
      Get #2, i, stu
      Put #1, , stu
  End If
Next i
Close #2
Close #1
Kill datafile
Name "del.tmp" As datafile
cmdbrowse_Click                '删除后更新显示
End Sub
```

当用户输入 3 条记录后，程序运行如图 6.8 所示，在列表框中会显示出相关的信息。

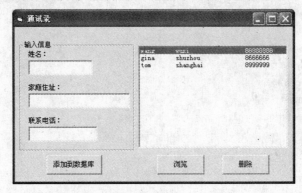

图 6.8

【仿制任务】

设计一个学生成绩管理应用程序，如图 6.9 所示。

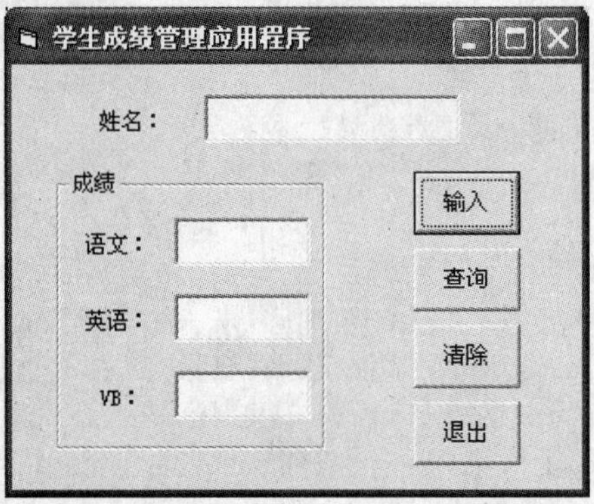

图 6.9

1. 任务分析

本任务完成设计运行后，当用户单击"输入"按钮，可将输入的学生的相关信息存放在文件中。单击"查询"按钮，可根据用户输入的姓名，在文件中查出他的各项成绩，并显示在相应的文本框中，如果没有找到就会显示提示消息。单击"清除"按钮则清空文本框中的信息。

2．操作步骤

步骤 1：用户界面设计（如图 6.9 所示）。

步骤 2：属性设置（详见表 6.9）。

表 6.9

对　象	属　性	属　性　值
窗体（Form1）	Name（名称）	Frmex5_6
	Caption	学生成绩管理应用程序
框架 1（Frame1）	Caption	成绩
标签 1（Label1）	Caption	姓名：
标签 2（Label2）	Caption	语文：
标签 3（Label3）	Caption	英语：
标签 4（Label4）	Caption	Visual Basic 6.0 ：
文本框 1（Text1）	Name（名称）	txtname
	Text	
文本框 2（Text2）	Name（名称）	Txtchi
	Text	
文本框 3（Text3）	Name（名称）	Txteng
	text	
文本框 4（Text4）	Name（名称）	Txtvb
	text	
命令按钮 1（Command1）	Name（名称）	cmdinput
	Caption	输入
命令按钮 2（Command2）	Name（名称）	cmdque
	Caption	查询
命令按钮 3（Command3）	Name（名称）	cmdcls
	Caption	清除
命令按钮 4（Command4）	Name（名称）	cmdexit
	Caption	退出

步骤三：事件与事件过程，相关代码如下：

```
'定义一个自定义类型，包含 4 个数据元素：姓名，语文成绩，英语成绩和 VB 成绩
Private Type student
    stuname As String * 10
    stuchi As String * 4
    stueng As String * 4
    stuvb As String * 4
End Type
'当用户将学生的相关信息输入到文本框后，单击"输入"按钮就可以将文本框中的内容保存到
文件中。
```

```vb
Private Sub cmdinput_Click()
    Dim stu As student
    Dim n As Integer
    If  txtname.Text = "" Then
        MsgBox ("请先输入学生的相关信息！ ")
        Exit Sub
    End If
    stu.stuname = txtname.Text
    stu.stuchi = txtchi.Text
    stu.stueng = txteng.Text
    stu.stuvb = txtvb.Text
    Open "student.dat" For Random As #1 Len = Len(stu)
    n = LOF(1) / Len(stu) + 1
    Put #1, n, stu
    Close #1
    answer = MsgBox("学生信息已保存！ 是否继续输入?", vbYesNo)
    If  answer = 6 Then
        cmdcls_Click
    End If
End Sub
```

'当用户输入学生的姓名后，单击"查询"按钮，如果在文件中找到相应的学生的信息，就将其显示在相应的文本框中，如果没有就给出"没有该学生的信息"的提示。

```vb
Private Sub cmdque_Click()
    Dim stu As student
    Dim n As Integer
    n = 1
    Open "student.dat" For Random As #1 Len = Len(stu)
    Do While Not EOF(1)
        Get #1, n, stu
        If  Trim(stu.stuname) = Trim(txtname.Text) Then
            txtchi.Text = Trim(stu.stuchi)
            txteng.Text = Trim(stu.stueng)
            txtvb.Text = Trim(stu.stuvb)
            Exit Do
        End If
        n = n + 1
    Loop
    If  Trim(stu.stuname) <> Trim(txtname.Text) Then
        MsgBox "没有该学生信息！ "
    End If
    Close #1
End Sub
```

'单击"清除"按钮，可将文本框中内容清除。单击"退出"按钮，可关闭程序。

```vb
Private Sub cmdcls_Click()
    txtname.Text = ""
    txtchi.Text = ""
    txteng.Text = ""
```

```
        txtvb.Text = ""
End Sub


Private Sub cmdexit_Click()
        End
End Sub
```

6.2.3 拓展知识

6.2.3.1 排序方法介绍

案例 设计如图 6.10 所示窗体。单击"输入"
按钮，出现要求输入一个整数的输入框，连续输入
10 个数据，并在文本框中显示用户输入的数据。单
击"排序"按钮，则对之前输入的 10 个数字从小到
大进行排序，并显示结果。

操作步骤

步骤 1：用户界面设计（如图 6.10 所示）。

步骤 2：属性设置（如表 6.10 所示）。

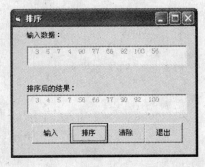

图 6.10

表 6.10

对　　象	属　　性	属　性　值
窗体（Form1）	Name（名称）	Frmex5_7
	Caption	排序
标签 1（Label1）	Caption	输入数据：
标签 2（Label2）	Caption	排序后的结果：
文本框 1（Text1）	Name（名称）	txtinput
	Text	
	Enabled	False
文本框 2（Text2）	Name（名称）	txtsort
	Text	
	Enabled	False
命令按钮 1（Command1）	Name（名称）	cmdinput
	Caption	输入
命令按钮 2（Command2）	Name（名称）	cmdsort
	Caption	排序
命令按钮 3（Command3）	Name（名称）	cmdcls
	Caption	清除
命令按钮 4（Command4）	Name（名称）	cmdexit
	Caption	退出

步骤 3：事件与事件过程，相关代码如下：

```
'定义一个窗体级的数组变量，用于存放 10 个整数
Dim a(10) As Integer
Private Sub cmdinput_Click()
    txtinput.Text = ""
    For   i = 1 To 10
        a(i) = InputBox("请输入一个整型数据：")
        txtinput.Text = txtinput.Text + " " + Str(a(i))
    Next i
End Sub


Private Sub cmdsort_Click()
    Dim s As String
    For   j = 1 To 9
        p = j
        For   i = j + 1 To 10
        If   a(p) > a(i) Then
           p = i
        End If
        Next i
        If   (p <> j) Then
           t = a(j)
           a(j) = a(p)
           a(p) = t
        End If
    Next j
'输出排序的结果
    For   i = 1 To 10
        s = s + " " + Str(a(i))
    Next i
    txtsort.Text = s
End Sub

Private Sub cmdcls_Click()
    txtinput.Text = ""
    txtsort.Text = ""
End Sub

Private Sub cmdexit_Click()
    End
End Sub
```

6.2.3.2　程序的错误类型、处理

1．程序的错误类型

不论我们在编写程序时有多么仔细认真，也不能完全避免错误。没有调试通过的程序中一般会有一些错误，这些错误大致分为以下三种类型。

（1）语法错

每种程序设计语言都有严格的语法规则。如果编写的程序中语句不符合相关的语法规则，就会出现语法错误。例如，关键字拼写错误、标点符号的缺失或变量名拼写错误等。对于这类错误，Visual Basic 6.0 设置了"自动语法检查"，在编程过程中，系统会自动发现这类语法错误。例如，如图 6.11 所示，当输入 If 语句时，没有输入 Then 就按回车键，系统根据错误类型，自动给出相应的提示。

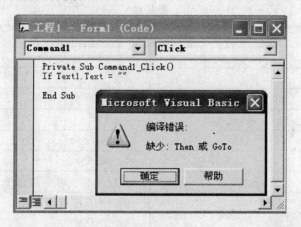

图 6.11

在 Visual Basic 6.0 中设置"自动语法检查"的方法是：单击"工具"菜单选中"选项"，出现"选项"对话框，在"编辑器"选项卡中，选中"自动语法检测"即可，如图 6.12 所示。

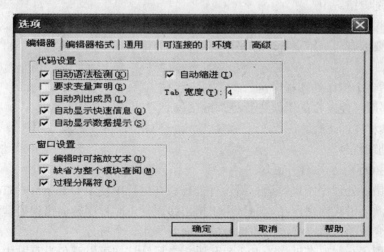

图 6.12

（2）运行错

在程序运行过程中，语法上没有错误的程序也可能出现错误。

下面是一些可能产生运行错的情况：

● 向一个不存在的文件写入。

● 除数为零。

● 把一个数字类型的变量赋值给一个字符串类型的变量。

● 向一个已经关闭的表进行查询。

通过激活错误处理程序可以对运行错进行处理。Visual Basic 6.0 提供一个带有错误编号和错误原因的消息框并终止应用程序，直到错误得到处理。表 6.11 列出了一些常见的运行错的编号及其原因。

表 6.11

错 误 编 号	原 因
5	无效过程调用
6	溢出
7	内存不足
9	下标越界
11	除数为零
13	类型不匹配
53	文件不存在
76	路径不存在
423	属性或方法不存在
482	打印机错误

（3）逻辑错

如果一个程序既没有语法错，在运行过程中也没有发生运行错，却得不到预期的运行结果，这就是逻辑错。

我们主要讨论运行错的处理。Visual Basic 6.0 不支持集中错误处理技术，因此，每个过程或事件都要求有一个错误处理程序来解决自己的错误。下面是创建一个错误处理程序的三个基本步骤。

（1）激活一个错误处理程序。

（2）编写对可能发生的错误进行处理的代码。

（3）继续程序的运行。

2．错误处理程序

（1）使用 On Error GoTo 语句

通过激活错误处理程序来对运行错进行处理。在过程中使用 On Error GoTo 语句加一个命名的标号来激活错误处理程序。标号用来指出错误发生时程序转向错误处理程序的入口。标号的命名和变量的命名一样，但在标号的后面要紧跟一个冒号。

错误处理程序一般放在过程的 Exit Sub 语句之后，这样可以避免没有发生运行错却执行了错误处理程序。

例如，编写一个实现对数据溢出错误的处理程序。

```
Private Sub Command1_Click()
    On Error GoTo dataerr
    Dim num As Integer, var As Integer
    num = 10
    var = num * 20000
```

```
        Print var
    Exit Sub
    Dataerr:
        MsgBox "运行结果溢出！"
    End Sub
```

（2）使用 On Error Resume Next 语句

On Error Resume Next 语句用于一个运行错误发生时，控件会跳到发生错误语句相邻后的语句，并从此处继续运行。它会让 Visual Basic 6.0 在错误已经发生后继续执行程序。

（3）使用 On Error GoTo 0 语句

On Error GoTo 0 语句禁止当前过程中任何已启动的错误处理程序。

（4）使用 Err 对象（如表 6.12 所示）

表 6.12

属　　性	说　　明
Number	返回或设置标识错误的编号。它可以用来确定是哪个错误发生了，它的值是错误的唯一标识。 语法格式：Object.Number
Description	返回或设置用来对错误进行描述的字符串。 语法格式：Object. Description
Source	返回或设置产生错误的应用程序的名字的字符串。当一个意外错误发生时，这个值被自动设置。 语法格式：Object. Source

Visual Basic 6.0 的 Err 对象用来报告错误。它包含和运行错相关的信息，可以帮助我们确定发生错误的类型、原因和错误发生的地方。Err 对象通常也具有属性、方法，如表 6.12 所示。

例如，利用 Err 的属性和 On Error Resume Next 语句来处理除数为零的问题。设计如图 6.13 所示的窗体，并输入相应的代码。

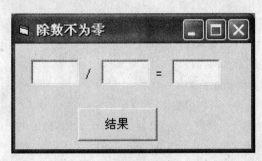

图 6.13

```
Private Sub cmdresult_Click()
    On Error Resume Next
    Text3.Text = Text1.Text / Text2.Text
    If  Err.Number > 0 Then
        If  Err.Number = 11 Then
            MsgBox Err.Description
            MsgBox "请重新输入一个除数。"
```

```
                    Text2.SetFocus
            Else
                    MsgBox "请输入正确的数据。"
            End If
        End If
    End Sub
```

当程序运行时，如果 text1 和 text2 中输入的不是数字，那么单击"结果"按钮时，会弹出"请输入正确的数据"的对话框，如图 6.14 所示。如果 text2 中输入的是 0，那么单击"结果"按钮时，会弹出 Err.Description 中描述的信息对话框，如图 6.15 所示，和"请重新输入一个除数"。如图 6.16 的对话框所示，并且清空 text2 中的内容，光标定位在 text2 中。

图 6.14　　　　　　　　　　图 6.15　　　　　　　　　　图 6.16

习题 6

一、选择题

1．要求以只读方式打开顺序文件"c:\exec.txt"，以便进行读取数据的操作。以下能够正确打开文件的命令是（　　）。

 A．Open "c:\exex.txt" for input access read as #1

 B．Open "c:\ exex.txt" for output access read as #1

 C．Open "c:\exec.txt" for input as #1

 D．Open "c:\exec.txt" for output as #1

2．在程序中执行 Close 命令，其作用是（　　）。

 A．关闭当前正在使用的一个文件 　　　　B．关闭第一个打开的文件

 C．关闭最近一次打开的文件 　　　　　　D．关闭所有文件

3．从随机文件中读取数据的命令是（　　）。

 A．Put　　　　　　　B．Get　　　　　　　C．Print　　　　　　D．Input

二、填空题

1．GetAttr 函数的作用是_____。

 SetAttr 语句的作用是_____。

2．在使用 FSO 对象之前，应先把_____类型库引入系统。通过选择"工程"菜单的"引用"选项，打开"引用"对话框，选择_____。

3．错误的类型有三种，分别是_____、_____、_____。

三、问答题

1. 驱动器列表框的 Drive 属性的作用是什么？

2. 如何使驱动器列表框、目录列表框和文件列表框同步工作？

3. 顺序文件与随机文件的主要区别是什么？

4. 按图 6.17 所示设计窗体。单击"输入"按钮，将用户输入的学生个人信息保存到 student.dat 文件中；单击"取消"按钮，不保存信息。

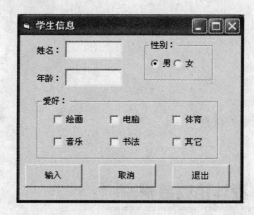

图 6.17

第 7 章　建立和访问数据库

本章学习要点

1. 了解数据库相关概念。
2. 了解 ADO 技术。
3. 熟练掌握 ADO 控件的使用方法。
4. 熟练掌握 ADO 对象的使用方法。

7.1　使用 ADO 控件访问数据库

7.1.1　预备知识

7.1.1.1　数据库简介

Visual Basic 6.0 程序重要的应用之一就是数据管理。Visual Basic 6.0 作为数据库开发的前端平台，可以访问和操控各种类型的后端数据库。通常在开发桌面应用程序时使用 Access 数据库，开发网络应用程序时使用 SQL Server 数据库。在学习用 Visual Basic 6.0 访问 Access 数据库中的数据前，先来了解一下数据库的一些重要概念。

数据库是一个按照一定的组织方法存储起来的相关信息的集合，它有助于应用程序对数据的访问。数据库中的信息是按照表的形式存储的，每一行是一条**记录**，每一列是一个**字段**，在行和列相交之处是一个**数据项**。

我们使用下列四个表（表 7.1～表 7.4）来说明数据库的概念，以及表与表之间的关系。

作者表（表 7.1）由作者编号、作者名称和电话号码三个字段组成。作者编号可以唯一地识别出各个作者，所以它是该表的**主要关键字**（又称为**主码**）。

出版社表（表 7.2）由出版社编号、出版社名称和城市三个字段组成。出版社编号可以唯一地识别出各个出版社，所以它是该表的主码。

书名表（表 7.3）由书名、出版日期、出版社编号和书号四个字段组成。书号可以唯一地识别出各本图书，所以它是该表的主码；该表中所有的出版社编号均来自于出版社表，由该字段关联到了出版社表，所以该字段是书名表的**外部关键字**（**外码**）。

表7.1

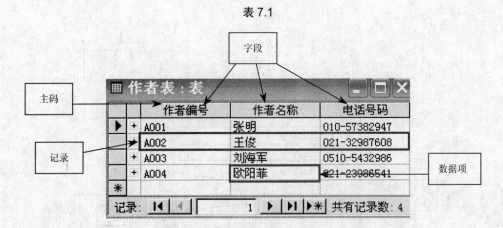

表7.2

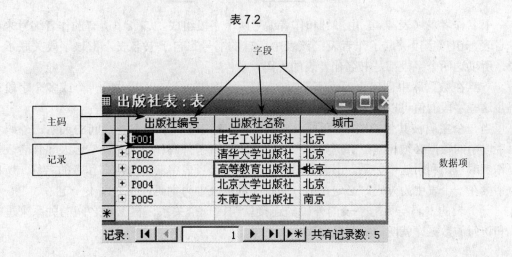

表7.3

表 7.4

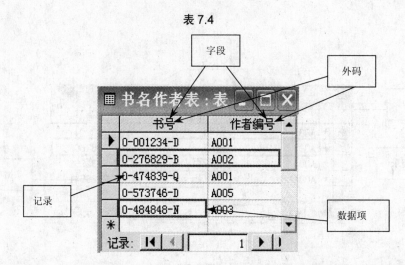

书名作者表（表 7.4）由书号和作者编号两个字段组成。该表中所有的作者编号来自于作者表，由该字段关联了作者表；该表中所有的书号来自书名表，由该字段关联了书名表，所以这两个字段都是书名作者表的外码。

一旦在数据库中创建表，就需要唯一地标识表中的行。可以设置一个或多个字段为主码，这些字段的值可以唯一地标识表中的每条记录。主码的值不允许为空。

当一个主码被其他的表引用时就称为外码，它用来表示表与表之间的关系。外码和主码字段中的数据必须相匹配。例如，书名作者表包含了外码作者编号，它涉及了作者表的主码作者编号。利用这个关系，书名作者表就可以从作者表中获取每本书作者的名称。所以一个字段在一个表中为外码时必定在另一个相关联的表中为主码；反之则不一定。

一个表的主码与另一个表的外码的连接就叫做一个**关系**。根据表之间的关系来进行组织和访问的数据库就叫做**关系数据库**。

7.1.1.2　ADO 简介

每个 Visual Basic 6.0 新版本都向开发人员提供访问和使用数据库的新方法。Visual Basic 3.0 版中使用数据访问对象（DAO）和数据控件，这仅适用于桌面数据库；Visual Basic 4.0 版中引入远端数据对象（RDO）及其数据控件，使连接远端数据库和数据库服务器更容易；Visual Basic 6.0 引入了 ActiveX 数据对象（ADO）及相应的数据控件，几乎可以访问任何本地和远端数据库。

如上所述，在 Visual Basic 6.0 中进行数据库开发的方法较多，目前比较流行的是 ADO 技术。利用 ADO 技术开发应用程序可以通过 OLE DB 或直接通过 DSN 连接数据库。通过 DSN 连接数据库有一定的局限性，当程序最终完成并交给用户后，还需要为用户配置 ODBC 数据源，既麻烦又不符合专业软件的要求，所以本书只介绍通过 OLE DB 方法访问数据库。我们首先来学习使用 ADO 控件来连接 Access 数据库，利用 ADO 对象访问数据库的内容将在 7.2 节中介绍。

ADO 控件在标准工具箱中是没有的，需要另外添加。单击"工程"菜单项的"部件"子菜单项，再选中选项"Microsoft ADO Data Control 6.0（OLEDB）"（如图 7.1 所示），就可以在工具箱中添加 ADO 数据控件了。

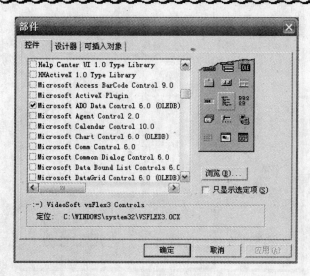

图 7.1

图 7.2 和图 7.3 分别说明了在工具箱和窗体中的 ADO 数据控件的外观。一旦在工具箱中添加了 ADO 控件之后，就可以设置其属性，并像使用其他控件一样使用。

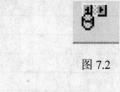

图 7.2

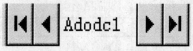

图 7.3

7.1.2　实训 1——用 ADO 控件设计图书信息应用程序

【模仿任务】

设计一个图书信息应用程序，该程序的第一个窗体是作者信息窗体。该窗体具有浏览（首记录、上记录、下记录和尾记录）和操控（增加、删除）数据库 library.mdb 中作者表的作者信息功能。

准备

（1）创建 Access 数据库 library.mdb，它包含作者表、出版社表、书名表和书名作者表四张表格，详细内容见表 7.1～表 7.4。

（2）单击"工程"菜单的"部件"子菜单，选中选项"Microsoft ADO Data Control 6.0（OLEDB）"，添加 ADO 控件到工具箱中。

操作步骤

步骤 1：用户界面设计。

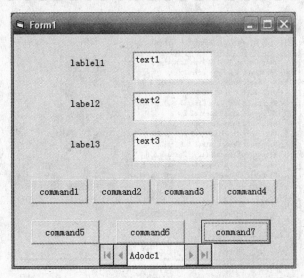

图 7.4

步骤 2：属性设置（如表 7.5 所示）。

表 7.5

对　象	属　性	设　置　值
窗体（Form）	Name（名称）	frmauthor
	Caption	作者信息窗体
标签 1（Label1）	Name（名称）	lblid
	Caption	作者编号：
标签 2（Label2）	Name（名称）	lblname
	Caption	作者名称：
标签 3（Label3）	Name（名称）	lblphone
	Caption	电话号码：
文本框 1（Text1）	Name（名称）	txtid
	Text	
文本框 2（Text2）	Name（名称）	txtname
	Text	
文本框 3（Text3）	Name（名称）	txtphone
	Text	
命令按钮 1（Command1）	Name（名称）	cmdfirst
	Caption	首记录
命令按钮 2（Command2）	Name（名称）	cmdprev
	Caption	上记录
命令按钮 3（Command3）	Name（名称）	cmdnext
	Caption	下记录
命令按钮 4（Command4）	Name（名称）	cmdlast
	Caption	尾记录
命令按钮 5（Command5）	Name（名称）	cmdadd
	Caption	增加

对　象	属　性	设　置　值
命令按钮 6（Command6）	Name（名称）	cmddelete
	Caption	删除
命令按钮 7（Command7）	Name（名称）	cmdexit
	Caption	退出
ADO 控件	Name（名称）	Adodc1
	Visible	False

设置完属性之后的窗体外观如图 7.5 所示。

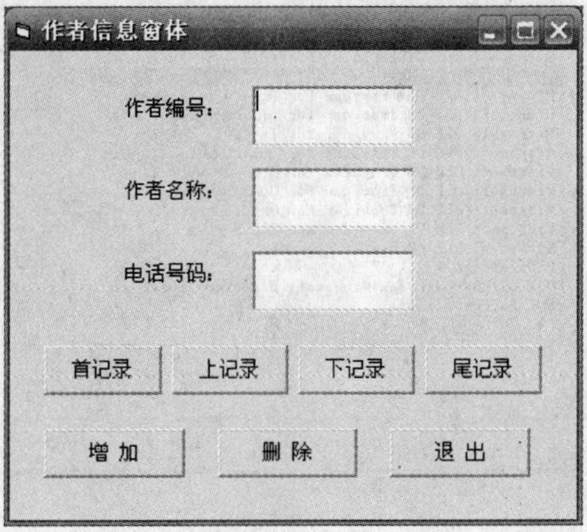

图 7.5

步骤 3：设计 ADO 控件，打开与数据源的连接。

设计 ADO 数据控件时，可以通过先设置 ADO 控件的 ConnectionString（连接字符串）属性，再将 RecordSource（记录源）属性设为一个表或一条 SQL 语句来实现 ADO 控件和数据源（数据库）的连接。详细过程如下。

（1）右键单击 ADO 控件，选中 ADODC 属性，打开"属性页"对话框（见图 7.6）

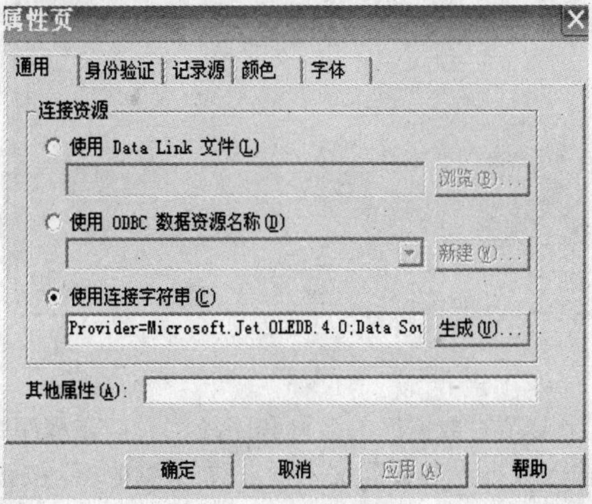

图 7.6

注意："属性页"对话框的"通用"选项卡也可通过单击"属性窗口"中该控件的"ConnectionString"属性的 ⋯ "浏览"按钮来打开。

（2）选中"通用"选项卡中的"使用连接字符串"选项，单击"生成"按钮，显示"数据链接属性"对话框（见图7.7）。

图 7.7

（3）我们所连接的是 Access 数据库，所以在"提供程序"选项卡中选择 "Microsoft Jet 4.0 OLE DB Provider"，选择"下一步"按钮，显示"连接"选项卡（见图7.8）。

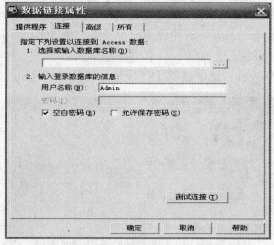

图 7.8

（4）在连接选项卡中要填写数据库的名称和路径，我们在程序中用到的是 library.mdb 数据库。单击"选择或输入数据库名称"文本框右边的"浏览"按钮，显示"选择 Access 数据库"对话框（见图7.9）。

图 7.9

（5）在工作文件夹中选择 library.mdb 数据库（若有困难请向指导老师询问），完成后的对话框如图 7.10 所示。文本框中显示了数据库在计算机中的位置。

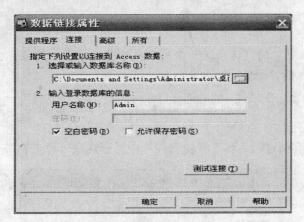

图 7.10

注意：数据库位置的路径在不同计算机上是不同的，建议使用相对路径，方法是在找到数据库后，在文本框中删除文件名前的路径，只剩文件名，这样可提高程序的可移植性。

（6）单击"测试连接"按钮，将显示"Microsoft 数据链接"消息框，显示连接数据库测试的结果（见图 7.11）。

图 7.11

（7）当显示"测试连接成功"信息时，说明数据库连接已经成功了，单击"确定"按钮，关闭消息框。

（8）单击"确定"按钮，关闭"数据链接属性"对话框。

（9）单击"属性页"对话框的"记录源"选项卡（见图 7.12）。

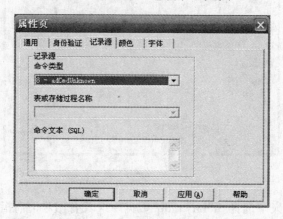

图 7.12

💡 **注意**："属性页"的"记录源"选项卡也可通过单击"属性窗口"中 ADO 控件的"RecordSource"属性的"浏览"按钮来打开。

（10）在"命令类型"下拉列表框中选择选项"2-adCmdTable"，将激活下面的"表或存储过程名称"下拉列表框。

（11）在"表或存储过程名称"下拉列表框中选择选项"作者表"，如图 7.13 所示。

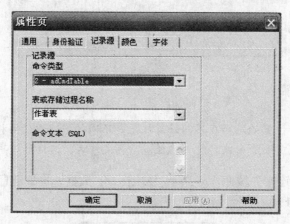

图 7.13

（12）单击"确定"按钮，关闭"属性页"对话框。

步骤 4：数据绑定。

本任务中所要设置的数据感知控件为三个文本框控件。只要设置文本框控件的 DataSource（数据源）和 DataField（数据字段）属性就可以实现数据绑定。可按照表 7.6 来设置。

表 7.6

对　象	属　性	设　置　值
txtid	DataSource	Adodc1
	DataField	作者编号
txtname	DataSource	Adodc1
	DataField	作者名称
txtphone	DataSource	Adodc1
	DataField	电话号码

步骤 5：事件与事件过程设计，相关代码如下：

```
Private Sub cmdfirst_Click()     '移动到第一条记录
    Adodc1.Recordset.MoveFirst
End Sub
Private Sub cmdlast_Click()      '移动到最后一条记录
    Adodc1.Recordset.MoveLast
End Sub

Private Sub cmdnext_Click()     '移动到下一条记录
    Adodc1.Recordset.MoveNext
    If   Adodc1.Recordset.EOF Then
        MsgBox "    记录已到文件尾！"
        Adodc1.Recordset.MoveLast
    End If
End Sub

Private Sub cmdprev_Click()      '移动到上一条记录
    Adodc1.Recordset.MovePrevious
    If   Adodc1.Recordset.BOF Then
        MsgBox "    记录已到文件头！"
        Adodc1.Recordset.MoveFirst
    End If
End Sub

Private Sub cmdadd_Click()    '增加一条记录
        Adodc1.Recordset.AddNew
End Sub

Private Sub cmddelete_Click()     '删除记录
    i = MsgBox("删除后无法恢复，你确定删除吗？", 49, "警告")
    If   i = 1 Then                 '在删除记录前作一次询问，以防止误删
        Adodc1.Recordset.Delete
    End If
End Sub

Private Sub cmdexit_Click()
    Unload Me
End Sub
```

【理论概括】（见表 7.7）

表 7.7

思 考 点	你在实验后的理解	实 际 含 义
ADO 控件的 ConnectionString 属性		
ADO 控件的 RecordSource 属性		
ADO 控件的 RecordSet 属性		
BOF 属性		
EOF 属性		

【仿制任务】

仿制 1： 在图书信息应用程序中设计的第二个窗体是图书信息窗体。该窗体具有浏览和操控数据库 library.mdb 中书名表的图书信息的功能。

操作步骤

步骤 1：用户界面设计（如图 7.14 所示）。

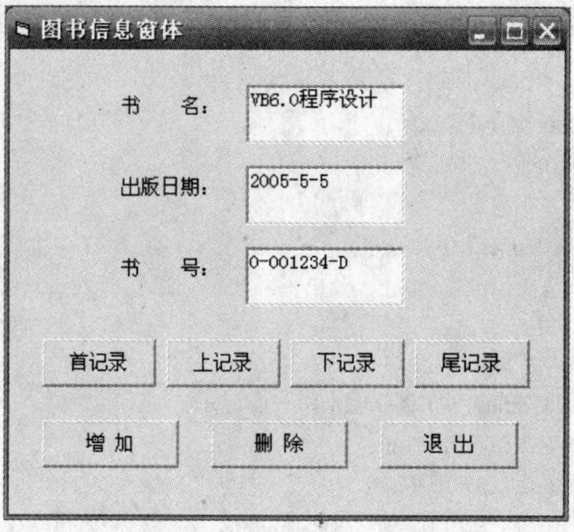

图 7.14

步骤 2：属性设置如表 7.8 所示，请补充完整。

表 7.8

对　　象	属　　性	设　置　值
窗体（Form）	Name（名称）	
	Caption	
标签 1（Label1）	Name（名称）	
	Caption	
标签 2（Label2）	Name（名称）	
	Caption	
标签 3（Label3）	Name（名称）	
	Caption	
文本框 1（Text1）	Name（名称）	
	Text	

续表

对　　象	属　　性	设　置　值
文本框 2（Text2）	Name（名称）	
	Text	
文本框 3（Text3）	Name（名称）	
	Text	
命令按钮 1（Command1）	Name（名称）	
	Caption	
命令按钮 2（Command2）	Name（名称）	
	Caption	
命令按钮 3（Command3）	Name（名称）	
	Caption	
命令按钮 4（Command4）	Name（名称）	
	Caption	
命令按钮 5（Command5）	Name（名称）	
	Caption	
命令按钮 6（Command6）	Name（名称）	
	Caption	
命令按钮 7（Command7）	Name（名称）	
	Caption	
ADO 控件	Name（名称）	
	Visible	

步骤 3：设计 ADO 控件，打开与数据源的连接。

设置 ADO 控件的 ConnectionString（连接字符串）属性指向 library.mdb 数据库，再将 RecordSource（记录源）属性设为书名表。

注意：在设计窗体和设置属性时，记得随时保存窗体和工程。

步骤 4：数据绑定，请按照表 7.9 来设置，并补充完整。

表 7.9

对　　象	属　　性	设　置　值
Txtname	DataSource	
	DataField	
Txtdate	DataSource	
	DataField	
Txtbid	DataSource	
	DataField	

步骤 5：事件与事件过程设计，请补充完整。

相关代码和作者信息窗体的代码完全相同，请模仿完成。

注意： 在编写代码时记得随时运行应用程序，以便检查错误。

【个性交流】

仿制任务在设计过程中是否可进一步加以改进？

【仿制任务】

仿制 2： 在图书信息应用程序中设计的第三个窗体是出版社信息窗体。该窗体具有浏览和操控数据库 library.mdb 中出版社表的出版社信息的功能，信息在 DataGrid 网格控件中显示。

准备

单击"工程"菜单的"部件"子菜单，选中 "Microsoft DataGrid Control 6.0（OLEDB）"，将 DataGrid 数据网格控件添加到工具箱中。

操作步骤

步骤 1：用户界面设计（如图 7.15 所示）。

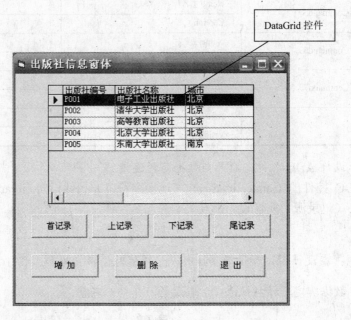

图 7.15

步骤 2：属性设置如表 7.10 所示，请补充完成。

表 7.10

对　象	属　性	设　置　值
窗体（Form）	Name（名称）	frmpub
	Caption	
数据网格控件	Name（名称）	DataGrid1
命令按钮 1（Command1）	Name（名称）	
	Caption	

续表

对　象	属　性	设　置　值
命令按钮 2（Command2）	Name（名称）	
	Caption	
命令按钮 3（Command3）	Name（名称）	
	Caption	
命令按钮 4（Command4）	Name（名称）	
	Caption	
命令按钮 5（Command5）	Name（名称）	
	Caption	
命令按钮 6（Command6）	Name（名称）	
	Caption	
命令按钮 7（Command7）	Name（名称）	
	Caption	
ADO 控件	Name（名称）	
	Visible	

步骤 3：设计 ADO 控件，打开与数据源的连接。

设置 ADO 控件的 ConnectionString（连接字符串）属性指向 library.mdb 数据库，再将 RecordSource（记录源）属性设为出版社表。

步骤 4：数据绑定。

本任务需要绑定的对象只有数据网格控件 DataGrid1，该控件的数据网格可以默认显示全部数据字段，所以只要设置 DataSource 属性为 Adodc1 即可。

步骤 5：事件与事件过程设计。

相关代码和作者信息窗体的代码完全相同，请模仿完成。

【个性交流】

使用网格控件显示数据信息有何好处？

7.1.3　拓展知识

7.1.3.1　绑定

可以访问数据库中数据的控件称为**数据引擎控件**，ADO 控件就是一个很好的例子。我们把可以与数据引擎控件一起工作并访问数据的控件称为数据感知控件或称**绑定型控件**，比如，前面学到的文本框 TextBox 控件和数据网格 DataGrid 控件。

将一个数据感知控件捆绑到一个数据引擎控件上称为**绑定**。

数据感知控件包括以下控件：PictureBox、Image、Label、TextBox、CheckBox、ListBox、ComboBox、DataCombo、DataGrid 和 DataList 等。

7.1.3.2   DataGrid 控件

DataGrid 控件的功能是显示并允许对 Recordset 记录集对象中代表记录和字段的一系列行和列进行数据操纵。

我们可以设置 DataGrid 控件的 DataSource 属性为一个数据引擎控件，以自动填充该控件并且从数据引擎控件的 Recordset 对象自动设置其列标头。这个 DataGrid 控件实际上是一个固定的列集合，每一列的行数都是不确定的。DataGrid 控件的每一个单元格都可以包含文本值，但不能连接或内嵌对象，可以在代码中指定当前单元格，也可以用鼠标或箭头键在运行时改变它。通过在单元格中键入或编程的方式，可以编辑交互单元格。单元格能够被单独选定或按照行来选定。

如果一个单元格的文本太长，以致于不能在单元格中全部显示，则文本将在同一单元格内换行到下一行。要显示换行的文本，必须增加单元格 Column 对象的 Width 属性和/或 DataGrid 控件的 RowHeight 属性。在设计时，可以通过调节列来交互地改变列宽度，或者在 Column 对象的属性页中改变列宽度；DataGrid 控件 Columns 集合的 Count 属性和 RecordSet 对象的 RecordCount 属性可以决定控件中行和列的数目。DataGrid 控件可包含的行数取决于系统的资源，而列数最多可达 32767 列。

DataGrid 控件中的每一列都有自己的字体、边框、自动换行和另外一些与其他列无关的能够被设置的属性。在设计时，我们可以设置列宽和行高，并且建立对用户隐藏的列；当然我们也能阻止用户在运行时改变格式。

DataGrid 控件一般有如下常用属性：

① BackColor 属性：返回或设置对象的背景颜色。

② ForeColor 属性：返回或设置在对象里显示图片和文本的前景颜色。

③ ColumnHeaders 属性：返回或设置一个值，指示是否在 DataGrid 控件中显示列标头。设置 True 则显示 DataGrid 控件的列标头；设置 False 则不显示 DataGrid 控件的列标头。

④ DataSource 属性：返回或设置一个数据源，通过该数据源，数据使用者被绑定到一个数据库。

⑤ DefColWidth 属性：返回或设置一个值，指示 DataGrid 控件中所有列的默认宽度。

⑥ HeadFont 属性：返回或设置一个值，指示在 DataGrid 控件列标头中使用的字体。

⑦ HeadLines 属性：返回或设置一个值，指示显示在 DataGrid 控件标头的列标头中的文本行数。

⑧ LeftCol 属性：返回或设置一个整数，表示 DataGrid 控件最左端的可见列，该属性在设计时是只读的。

⑨ RecordSelectors 属性：返回或设置一个值，指示记录选择器是否被显示在 DataGrid 控件或 Split 对象中。

DataGrid 控件在标准工具箱中是没有的，需要另外添加。我们只要通过"工程"菜单项的"部件"子菜单项，再选中"Microsoft DataGrid Control 6.0（OLEDB）"（如图 7.16 所示），就可以在工具箱中添加 DataGrid 控件了。

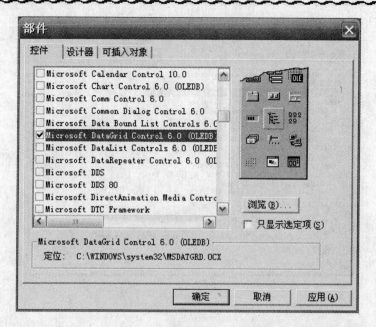

图 7.16

图 7.17 和图 7.18 分别展示了在工具箱和窗体中的 DataGrid 数据控件的外观。

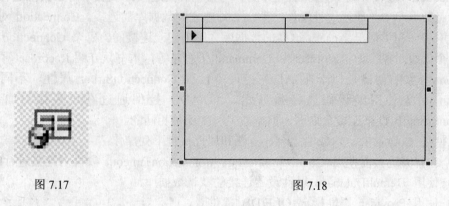

图 7.17　　　　　　　　　　　　　　　　　　图 7.18

7.2　使用 ADO 对象访问数据库

7.2.1　预备知识

除了使用 ADO 可视化控件来连接数据库之外，也可以直接通过代码来连接数据库，即通过 ADO 对象方法。使用 ADO 对象可以创建比使用 ADO 控件更为强大的应用程序。

在创建 ADO 对象前，我们必须建立一个到 ADO 对象的引用，来表明 Visual Basic 6.0 程序中连接了 ADO 对象。引用方法如下：在"工程"菜单项的"引用"子菜单项中，选中选项"Microsoft ActiveX Data Objects 2.0 Library"（如图 7.19 所示）。

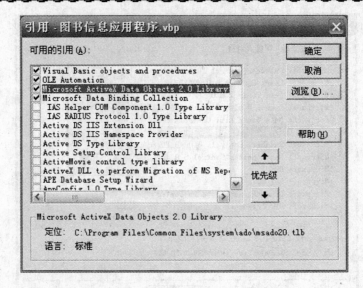

图 7.19

7.2.1.1　连接对象 Connection

Connection（连接）对象代表了打开的、与数据源的连接，代表了与数据源进行的唯一会话。在对数据库中的数据进行操作之前，必须建立到数据库的连接。Connection 对象就是用来在应用程序和类似于 Access 这样的数据库之间来建立连接的。每个 Connection 对象可以支持多个低级对象，如 Recordset 和 Command 子对象等，本书只介绍 Recordset 子对象。Connection 对象的创建类似于在 ADO 控件中设置 ConnectionString 属性，不同之处是 Connection 对象使用纯代码连接数据库，而 ADO 控件通过在可视化界面中设置 ConnectionString 属性来连接数据库，但本质上两者还是相同的。

可以使用 Connection 对象的集合、方法和属性执行下列操作：

（1）在打开连接前使用 ConnectionString、ConnectionTimeout 属性对连接进行配置。

（2）使用 DefaultDatabase 属性设置连接的默认数据库。

（3）使用 Provider 属性指定 OLE DB 提供者。

（4）使用 Open 方法建立到数据源的物理连接，使用 Close 方法将其切断。

（5）使用 Execute 方法执行对连接的命令，并使用 CommandTimeout 属性对执行进行配置。

7.2.1.2　记录集对象 Recordset

Recordset（记录集）对象表示的是来自基本表或命令执行结果的记录全集，在任何时候 Recordset 对象所指的当前记录均为集合内的单条记录。我们可以使用 Recordset 对象操作来自提供者的数据，基本上所有的数据操作都是通过 Recordset 对象来完成的，它是通过使用记录（行）和字段（列）来进行构建的。

在 ADO 中定义了四种不同的游标类型。

（1）动态游（adOpenDynamic）——用于查看其他用户所做的添加、更改和删除，并用于不依赖书签的 Recordset 中各种类型的移动。如果提供者支持，可使用书签。

（2）**键集游标**（adOpenKeyset）——其行为类似动态游标，不同的只是禁止查看其他用户添加的记录，并禁止访问其他用户删除的记录，其他用户所做的数据更改将依然可见。它始终支持书签，因此允许 Recordset 中各种类型的移动。

（3）**静态游标**（adOpenStatic）——提供记录集合的静态副本以查找数据或生成报告。它始终支持书签，因此允许 Recordset 中各种类型的移动。其他用户所做的添加、更改或删除将不可见。这是打开客户端（ADOR）Recordset 对象时唯一允许使用的游标类型。

（4）**仅向前游标**（adOpenForwardOnly）——除仅允许在记录中向前滚动之外，其行为类似动态游标。这样，当需要在 Recordset 中单程移动时就可以提高性能。

在打开 Recordset 之前设置 CursorType 属性来选择游标类型，或者使用 Open 方法传递 CursorType 参数。如果没有指定游标类型，ADO 将默认打开仅向前游标。

在 ADO 中定义了四种不同的锁定类型：

（1）**只读**（adLockReadOnly）——此锁定类型规定数据不能被更改。

（2）**保守式**（adLockPessimistic）——通过锁定包含正在编辑记录的页，提供者可完成所需的记录编辑操作，一旦记录被锁住，其他用户就不能对这个记录进行编辑。

（3）**开放式**（adLockOptimistic）——包含该记录的页只在记录更新时被锁住，当有两个用户更新同一个记录时就会产生冲突，此时先发出更改方法的用户得到更新的权利。

（4）**批处理开放式**（adLockBatchOptimistic）——使用 BatchUpdate 方法可以允许成批地向记录集中更新记录，而不能逐行处理。

在打开 Recordset 之前设置 LockType 属性来选择锁定类型，或使用 Open 方法传递 LockType 参数。如果没有指定锁定类型，ADO 将默认使用只读锁定类型。

在打开 Recordset 时，如果有记录，则当前记录位于第一条记录，并且 BOF 和 EOF 属性被设置为 False；如果没有记录，BOF 和 EOF 属性设置是 True。

假设提供者支持相关的功能，可以用 MoveFirst、MoveLast、MoveNext、MovePrevious 以及 Move 方法，连同 AbsolutePosition、AbsolutePage 和 Filter 属性来重新确定当前记录的位置。Recordset 对象的仅向前游标只支持 MoveNext 方法。

Recordset 对象可支持两类更新：立即更新和批更新。使用立即更新，一旦调用 Update 方法，对数据的所有更改将被立即写入现行数据源。也可以将值的数组作为参数传递来使用 AddNew 和 Update 方法，同时更新记录的若干字段；如果提供者支持批更新，可以使提供者将多个记录的更改存入缓存，然后使用 UpdateBatch 方法在单个调用中将它们传送给数据库。这种情况应用于使用 AddNew、Update 和 Delete 方法所做的更改。调用 UpdateBatch 方法后，可以使用 Status 属性检查任何数据冲突并予以解决。

7.2.1.3 在应用程序中使用 ADO 对象

下面是一个基于典型 ADO 对象在应用程序中使用的操作步骤。

（1）创建一个连接对象 Connection

需要一个连接字符串，它包含用来建立到数据源的一个连接，由数据源名、用户标识和密码组成。例如：

```
Dim conn As new ADODB Connection
conn. ConnectionString="Provider=Microsoft.Jet.OLEDB.4.0;"&_
"Data Source="App.path & "\library.mdb"
```

ConnectionString 属性支持以下参数，如表 7.11 所示。

表 7.11

属　　性	说　　明
Provider	指定提供者名称，识别数据库类型
Data Source	指定数据源名称如：library.mdb
User ID	指定打开连接时使用的用户名称
Password	指定打开连接时使用的密码

（2）打开连接

把 ADO 对象和数据源进行连接的主要方法就是打开连接。例如：

```
Dim conn As ADODB. Connection
Set conn=new Connection
conn. ConnectionString="Provider=Microsoft.Jet.OLEDB.4.0; "&_
"Data Source="App.path & "\library.mdb"
conn.open
```

或编写：

```
Dim conn As new ADODB. Connection
conn. Provider="Microsoft.Jet.OLEDB.4.0"
conn.open    App.path & "\library.mdb"
```

连接对象的 Open 方法的语法格式如下：

```
对象名.Open    [ConnectionString], [User ID], [Password]
```

（3）在数据源上执行一个查询

连接到数据源后，就可以进行查询了，执行一个查询意味着会返回一个 Recordset 对象，该对象包含着我们在查询中指定的信息行（记录）。例如：

```
Dim rs As ADODB. Recordset
set rs=new Recordset
rs.open "作者表",conn,adOpenKeyset,adLockPessimistic,adCmdTable
```

或编写：

```
Dim conn As new ADODB. Recordset
rs.open "作者表",conn,adOpenKeyset,adLockPessimistic, adCmdTable
```

或编写：

```
Dim conn As new ADODB. Recordset
rs.open "Select*from 作者表",conn,adOpenKeyset,adLockPessimistic, adCmdText
```

记录集对象的 Open 方法的语法格式如下：

```
对象名.Open [Source], [ActiveConnection], [CursorType], [LockType], [Options]
```

各参数说明如表 7.12 所示。

表 7.12

属　　性	说　　明
Source	可以是一个表名或 SQL 语句，取决于连接的字符串
ActiveConnection	指定已经创建到数据源的连接

续表

属　性	说　明
CursorType	指定游标类型，默认为仅向前游标
LockType	指定锁定类型，默认为只读锁定
Options	指定提供者如何给出 Source 的值，若 Source 为表名，则 Options 为 AdcmdTable；若 Source 为 SQL 语句，则 Options 为 AdcmdText

（4）对查询结果进行处理

我们可以对查询结果进行浏览和更新处理，游标类型将决定对记录集中的数据是进行修改还是浏览。例如：

```
Private Sub cmdprev_Click()       '移动到上一条记录
rs. MovePrevious
If rs.BOF Then
MsgBox "    记录已到文件头！"
rs.MoveFirst
End If
End Sub

Private Sub cmdadd_Click()   '插入一条记录
rs.AddNew
rs! 作者编号=txtid.Text
rs! 作者名称=txtid.Text
rs! 电话号码=txtid.Text
rs.Update
End Sub
```

（5）关闭记录集对象 当记录集对象使用完毕后，就应该关闭记录集对象，例如：

```
rs.Close
set rs=Nothing
```

（6）关闭连接对象 最后，到数据源的连接将被断开，例如：

```
conn.Close
set conn=Nothing
```

 注意：在使用完某对象后及时关闭并清空该对象，是良好的编程习惯。

7.2.2 实训 2——用 ADO 对象设计图书信息应用程序

【模仿任务】

设计一个图书信息应用程序，该程序的第一个窗体是作者信息窗体。该窗体具有浏览（首记录、上记录、下记录和尾记录）和操控（增加、取消、删除和保存）数据库 library.mdb 中作者表的作者信息功能，该窗体同时还有查询功能。

准备

（1）创建 Access 数据库 library.mdb，它包含作者表、出版社表、书名表和书名作者表四张表格，详细内容见表 7.1～表 7.4。

（2）通过"工程"菜单的"引用"子菜单，选中选项"Microsoft ActiveX Data Objects 2.0 Library"，为准备使用 ADO 对象做好引用工作。

操作步骤

步骤 1: 用户界面设计（见图 7.20）。

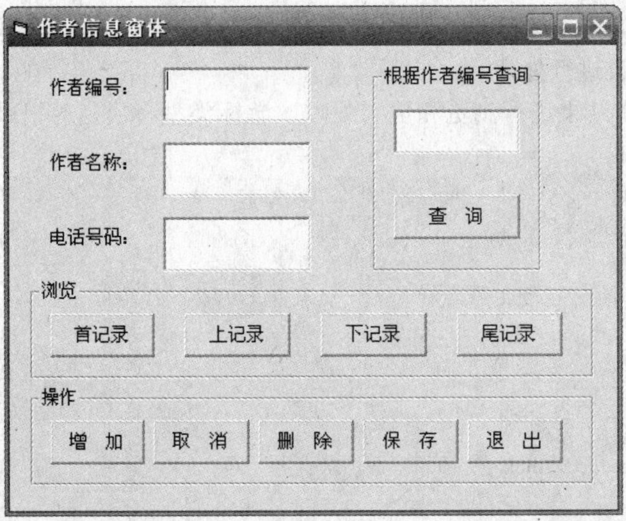

图 7.20

步骤 2: 属性设置（如表 7.13 所示）。

表 7.13

对　　象	属　　性	设　置　值
窗体（Form）	Name（名称）	frmauthor
	Caption	作者信息窗体
标签 1（Label1）	Name（名称）	lblid
	Caption	作者编号:
标签 2（Label2）	Name（名称）	lblname
	Caption	作者名称:
标签 3（Label3）	Name（名称）	lblphone
	Caption	电话号码:
文本框 1（Text1）	Name（名称）	txtid
	Text	
文本框 2（Text2）	Name（名称）	txtname
	Text	
文本框 3（Text3）	Name（名称）	txtphone
	Text	
文本框 4（Text4）	Name（名称）	txtsearch
	Text	
命令按钮 1（Command1）	Name（名称）	cmdfirst
	Caption	首记录

续表

对　象	属　性	设　置　值
命令按钮 2（Command2）	Name（名称）	cmdprev
	Caption	上记录
命令按钮 3（Command3）	Name（名称）	cmdnext
	Caption	下记录
命令按钮 4（Command4）	Name（名称）	cmdlast
	Caption	尾记录
命令按钮 5（Command5）	Name（名称）	cmdadd
	Caption	增　加
命令按钮 6（Command6）	Name（名称）	cmdcancel
	Caption	取　消
命令按钮 7（Command7）	Name（名称）	cmddelete
	Caption	删　除
命令按钮 8（Command8）	Name（名称）	cmdsave
	Caption	保　存
命令按钮 9（Command9）	Name（名称）	cmdexit
	Caption	退　出
命令按钮 10（Command10）	Name（名称）	cmdfind
	Caption	查　询
框架 1（Frame1）	Name（名称）	Frame1
	Caption	浏　览
框架 2（Frame2）	Name（名称）	Frame2
	Caption	操　作
框架 3（Frame3）	Name（名称）	Frame3
	Caption	根据作者编号查询

步骤 3：事件与事件过程设计，相关代码如下：

（1）把以下的代码加入到通用的声明部分。

```
Dim conn As New ADODB.Connection '创建一个 Connection 对象事例 conn
Dim rs As New ADODB.Recordset '创建一个 Recordset 对象事例 rs
Dim addflag As Boolean   'addflag 用来确定是否按过增加，然后可使用取消或保存按钮
```

注意：因为有连接到 ADO 库的引用，所以这些对象会出现在成员特征自动列表中。

（2）在窗体的 Load 事件中加入下列代码以打开用于获取记录的连接和记录集。

```
Private Sub Form_Load()
conn.Provider = "microsoft.jet.oledb.4.0"
conn.Open App.Path & "\library.mdb"
rs.Open "作者表", conn, adOpenKeyset, adLockPessimistic, adCmdTable
```

```
        cmdcancel.Enabled = False
        cmdsave.Enabled = False
        End Sub
```

（3）创建一个名字为 display 的私有过程，以在窗体中显示数据库中的字段值。

```
        Private Sub display()
        txtid.Text = rs!作者编号
        txtname.Text = rs!作者名称
        txtphone.Text = rs!电话号码
        End Sub
```

我们可以使用下面的三种语法来访问记录的每个字段：

①记录集对象! 字段名　例如：rs!作者编号

②记录集对象.Fields（"字段名"）　例如：rs.Fields（"作者编号"）

③记录集对象.Fields（索引值）　例如：rs.Fields(0)

（4）在窗体的 Activate 事件中加入下列代码，当窗体成为活动窗口时，调用 display 过程显示出第一条记录。

```
        Private Sub Form_Activate()
        display
        End Sub
```

（5）在命令 cmdexit 中加入下列代码，以卸载窗体。

```
        Private Sub cmdexit_Click()
        Unload Me
        End Sub
```

（6）在窗体的卸载事件中加入下列代码，用来关闭和清空连接和记录集对象。

```
        Private Sub Form_Unload(Cancel As Integer)
        rs.Close
        Set rs = Nothing
        conn.Close
        Set conn = Nothing
        End Sub
```

（7）为浏览按钮添加代码。

```
        Private Sub cmdfirst_Click()
        rs.MoveFirst
        display
        End Sub

        Private Sub cmdlast_Click()
        rs.MoveLast
        display
        End Sub

        Private Sub cmdnext_Click()
        rs.MoveNext
        If rs.EOF Then
        MsgBox "      记录已到文件尾！ "
```

```
rs.MoveLast
End If
display
End Sub

Private Sub cmdprev_Click()
rs.MovePrevious
If rs.BOF Then
MsgBox "    记录已到文件头！"
rs.MoveFirst
End If
display
        End Sub
```

 注意： 在编写代码时记得随时保存和运行应用程序，以便检查错误。

（8）为增加命令按钮添加以下代码，该段代码首先清空文本框并把第一个文本框设为获得焦点，然后把 addflag 设为真，程序将据此来决定需要产生的是插入动作还是编辑动作，最后灰化部分命令按钮。

```
Private Sub cmdadd_Click() '增加记录
txtid.Text = ""
txtname.Text = ""
txtphone.Text = ""
txtid.SetFocus
addflag = True
'按了增加按钮后，除了取消和保存按钮外，其他按钮变为无效
cmdfirst.Enabled = False
cmdprev.Enabled = False
cmdnext.Enabled = False
cmdlast.Enabled = False
cmdcancel.Enabled = True
cmdsave.Enabled = True
cmddelete.Enabled = False
cmdexit.Enabled = False
cmdfind.Enabled = False
End Sub
```

（9）在取消按钮中加入下列代码，以放弃保存对当前记录所作的任何修改，最后恢复命令按钮状态为初始化状态。

```
Private Sub cmdcancel_Click() '取消操作
rs.CancelUpdate
display
addflag = False
txtid.Locked = True
txtname.Locked = True
txtphone.Locked = True
```

```
'按了取消按钮后，取消和保存按钮变为无效，其他按钮变为有效
cmdfirst.Enabled = True
cmdprev.Enabled = True
cmdnext.Enabled = True
cmdlast.Enabled = True
cmdcancel.Enabled = False
cmdsave.Enabled = False
cmddelete.Enabled = True
cmdexit.Enabled = True
cmdfind.Enabled = True
End Sub
```

（10）在保存按钮中加入下列代码，以保存对当前记录所作的任何修改。该段代码首先检查 addflag 的值，若为真则调用 AddNew 方法添加记录，否则记录只是被修改。然后把界面控件中的值赋给相应的记录集字段，接着用 Update 方法把所做的插入或修改保存到数据库中，最后恢复命令按钮为初始化状态。

```
Private Sub cmdsave_Click() '保存记录
If addflag Then rs.AddNew
'界面文本框中的值赋给数据库相应的字段
rs!作者编号 = txtid.Text
rs!作者名称 = txtname.Text
rs!电话号码 = txtphone.Text
rs.Update
addflag = False
txtid.Locked = True
txtname.Locked = True
txtphone.Locked = True
'按了保存按钮后，取消和保存按钮变为无效，其他按钮变为有效
cmdfirst.Enabled = True
cmdprev.Enabled = True
cmdnext.Enabled = True
cmdlast.Enabled = True
cmdcancel.Enabled = False
cmdsave.Enabled = False
cmddelete.Enabled = True
cmdexit.Enabled = True
cmdfind.Enabled = True
End Sub
```

（11）在删除按钮中加入下列代码，在删除前用消息框询问是否要真的删除（删除前作询问是很好的编程习惯）。当在消息框中按确定按钮后，删除记录，同时把记录集的当前记录位置前移一条记录，代码中还考虑了当前记录为第一条记录和最后一条记录的情况，以保证程序不出错。

```
Private Sub cmddelete_Click() '删除记录
i = MsgBox("删除后无法恢复，你确定删除吗?", vbExclamation + vbOKCancel, "警告")
If   i = 1 Then
rs.Delete
```

```
    rs.MovePrevious
    If rs.BOF Then rs.MoveFirst
    If rs.EOF Then rs.MoveLast
    End If
    display
    End Sub
```

（12）在查询按钮中加入下列代码。代码中首先确认查询文本框不为空，然后根据文本框中输入的值得出查询结果。Select 语句使用单引号和双引号把文本框中输入的值连接到语句中，查询完毕关闭和清空连接和记录集对象。

```
    Private Sub cmdfind_Click()    '查询记录
        If  txtsearch.Text = "" Then
            MsgBox "不能为空，请输入查询内容！"
            txtsearch.SetFocus
            Exit Sub
        End If
        Dim conn1 As New ADODB.Connection
        Dim rsfind As New ADODB.Recordset
        conn1.Provider = "microsoft.jet.oledb.4.0"
        conn1.Open App.Path & "\library.mdb"
        rsfind.Open "select * from 作者表 where 作者编号='" & txtsearch.Text & "'", &_
        conn1, adOpenDynamic, adLockPessimistic, adCmdText
        If  rsfind.EOF Or rsfind.BOF Then
            MsgBox "输入了无效的作者编号！", vbOKCancel, "停止！！"
            Exit Sub
        End If
        txtid.Text = rsfind!作者编号
        txtname.Text = rsfind!作者名称
        txtphone.Text = rsfind!电话号码
        rsfind.Close
        Set rsfind = Nothing
        conn1.Close
        Set conn1 = Nothing
    End Sub
```

 注意：如果查询框中指定的作者编号是无效的，程序显示错误消息框。

【理论概括】（见表 7.14）

表 7.14

思 考 点	你在实验后的理解	实 际 含 义
记录集对象的 MoveFirst 方法		
记录集对象的 MovePrevious 方法		
记录集对象的 MoveNext 方法		
记录集对象的 MoveLast 方法		
记录集对象的 Find 方法		
记录集对象的 AddNew 方法		

续表

思 考 点	你在实验后的理解	实 际 含 义
记录集对象的 Update 方法		
记录集对象的 CancelUpdate 方法		
记录集对象的 Delete 方法		

【仿制任务】

利用 ADO 对象技术改写 7.2.2 节中的图书信息窗体和出版社信息窗体。

【个性交流】

使用 ADO 对象与使用 ADO 控件相比，有什么优点？

7.2.3　拓展知识

SQL 是 Structured Query Language 的缩写，已成为关系数据库的标准语言。它是用来查询数据库引擎的语言。数据库引擎是数据库厂商用来解决数据库的操作、存储、处理及使用到的语法等问题的。SQL 既不使用变量也不使用控制语句，因此它经常被用做数据库子语句加入到主程序设计语言编写的程序中，也叫做嵌入式 SQL。SQL Server、 Access 、Sybase 和 Oracle 等关系数据库都支持 SQL 语句。

SQL 的主要功能是在关系数据库中定义、处理和控制数据。最常用的有四句语句：SELECT、INSERT、UPDATE 和 DELETE。我们使用表 7.41～表 7.44 为例来说明 SQL 语句的使用。

7.2.3.1　SELECT 语句

SELECT 语句是最常用的 SQL 语句，用来从表中检索数据记录。

SELECT 语句的一般语法：

SELECT [ALL/DISTINCT] 字段列表 FROM 表名[WHERE 条件 1 AND/OR 条件 2 …]

[GROUP BY 字段 1,[,字段 2…]] [HAVING 条件]

[ORDER BY 字段 1[ASC/DESC], 字段 2[ASC/DESC] ,…]

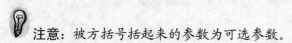 注意：被方括号括起来的参数为可选参数。

执行一个 SELECT 语句时，数据库首先搜索指定的表，然后提取选中的列，并且选择满足一个条件的行。如果要检索出一个表中所有的字段，可以使用*来代替字段列表。

例 1：

SQL 语句：Select * From 书名作者表

功能：检索出书名作者表中的所有字段。

例 2：

SQL 语句：Select 作者编号 From 书名作者表

功能：检索出书名作者表中的作者编号。

例 3：

SQL 语句：Select DISTINCT 作者编号 From 书名作者表

功能：检索出书名作者表中的作者编号，使用 DISTINCT 避免重复的作者编号列。

例 4：

SQL 语句：Select * From 作者表 Order By 作者姓名

功能：检索出作者表中的所有字段，并按作者姓名的字母顺序来排列，没有指定按升序还是降序来排列选项，默认是按照升序列出记录。

例 5：

SQL 语句：Select * From 出版社表 Order By 出版社编号 DESC

功能：检索出出版社表中的所有字段，并按出版社编号的降序顺序列出记录。

例 6：

SQL 语句：Select 作者编号 From 作者表 Where 作者姓名="张明"

功能：检索出作者表中作者名称为张明的作者编号。

例 7：

SQL 语句：Select 作者编号，作者名称 From 作者表 Where 作者姓名="张明" OR 作者姓名="王二" Order By 作者姓名

功能：检索出作者表中作者名称为张明或王二的作者编号和作者名称字段，并按照作者姓名的升序列出记录。

例 8：

SQL 语句：Select 作者编号，作者名称 From 作者表 Where 作者姓名 IN（"张明"，"王二"）Order By 作者姓名

功能：功能同例题 7。

例 9：

SQL 语句：Select * From 作者表 Where 作者姓名 LIKE "S_ _"

功能：检索出作者表中作者姓名为三个字母长并以字母 "S" 开头的所有作者的记录。

例 10：

SQL 语句：Select * From 书名表 Where 书名 LIKE "V％"

功能：检索出书名表中书名以字母 "V" 开头的所有图书信息的记录。

例 11：

SQL 语句：Select * From 书名表 Where 书名 LIKE "[^V]％"

功能：检索出书名表中书名不以字母 "V" 开头的所有图书信息的记录。

例 12：

SQL 语句：Select 作者编号，作者名称 From 作者表 Where 电话号码 IS NULL

功能：检索出作者表中电话号码为空值的作者编号和作者名称字段。

例 13：

SQL 语句：Select * From 书名表 Where 出版日期 BETWEEN1980 AND1998

功能：检索出书名表中出版日期为 1980～1998 年的所有图书信息的记录。

7.2.3.2　INSERT 语句

INSERT 语句用来向表中插入行（记录）。

INSERT 语句的一般语法如下：

> INSERT [INTO]表名[（字段列表）] VALUES（值 1，值 2，……）

💡 **注意**：插入记录时，主码字段必须赋值，而且该值必须是没出现过的，所有插入的值必须是正确的数据类型，否则将出错。

例 14：

SQL 语句：Insert 作者表 Values（"A007"，"方东"，"021-54673215"）

功能：在作者表中插入一条新的作者记录。

例 15：

SQL 语句：Insert 书名作者表（作者编号） Select 作者编号 From 作者表 Where 作者姓名="方东"

功能：在书名作者表中插入一条新的记录，该记录的作者编号来自作者表中作者姓名为"方东"的作者编号。

7.2.3.3 DELETE 语句

DELETE 语句用来删除表中现有的记录，省略 WHERE 子句将删除表中所有的记录。

DELETE 语句的一般语法：

> DELETE FROM 表名 [WHERE 条件]

💡 **注意**：删除数据时，只能删除行，而不能删除列，一定要小心使用，一旦确认，记录将直接被删除，不可能再恢复。

例 16：

SQL 语句：Delete From 作者表

功能：删除作者表中所有的记录。

例 17：

SQL 语句：Delete From 作者表 Where 作者编号="A005"

功能：删除作者表中作者编号为"A005"的记录。

7.2.3.4 UPDATE 语句

UPDATE 语句用来更新表中的记录，省略 WHERE 子句将更新表中所有的记录。

UPDATE 语句的一般语法：

UPDATE 表名 SET 字段值列表[WHERE 条件]

💡 **注意**：UPDATE 和 DELETE 语句一样要小心使用，一旦被执行就不能再恢复。

例 18：

SQL 语句：Update 出版社表 Set "城市"="北京"

功能：将出版社表中所有城市字段的值更新为北京。

例 19：

SQL 语句：Update 出版社表 Set 城市＝"北京" Where 出版社名称＝"电子工业出版社"

功能：将出版社表中出版社为电子工业出版社的城市字段的值更新为北京。

习题 7

一、填空题

1. 一个按照一定的组织方法存储相关信息的集合称为_____。

2. 表中的一个或多个字段，其值唯一地标识表中每一个记录，这些字段被称为_____。

3. _____就是把一个表的主码和另一个表的外码相连接。

4. _____保存一个查询的结果并使应用程序能在需要时使用它。

5. 连接是在 Select 语句中的_____子句中指定的。

6. _____子句用来删除表中的重复列。

7. ADO 对象模型在访问一个现有数据库时主要使用下面三个对象，它们分别是 Connection、_____和_____。

8. Provider 属性表示连接设为数据库的_____。

9. _____方法用来在把数据保存到数据库中之前取消对数据所做的改变。

10. 把对象变量设为_____就可以把对象从内存中完全清除。

二、判断题

1. 表中的行和列相交之处是一个记录。　　　　　　　　　　　　　　　　　　　　（　　）

2. 主码不允许为空。　　　　　　　　　　　　　　　　　　　　　　　　　　　　（　　）

3. 在一个表中某字段为外码，则在另外一个表中必定为主码。　　　　　　　　　　（　　）

4. 在一个表中某字段为主码，则在另外一个表中必定为外码。　　　　　　　　　　（　　）

5. SQL 语句中的 Find 语句用来从表中检索数据。　　　　　　　　　　　　　　　（　　）

6. 动态游标不能让我们看到其他用户对数据所做的修改。　　　　　　　　　　　　（　　）

7. ＆运算符用于显示记录集中的数据。　　　　　　　　　　　　　　　　　　　　（　　）

8. 应用程序的大多数操作可以通过连接对象完成。　　　　　　　　　　　　　　　（　　）

9. 记录集对象的 Open 方法的 Source 参数用来在编辑记录集时指定记录集的锁定类型。（　　）

10. Connection 的 Close 方法用来关闭一个连接，同时把它从内存中清除。　　　　（　　）

三、问答题

1. 说出游标的不同类型，并说明动态游标和键集游标的区别。

2. 解释 ConnectionString 属性的用途。

3. 哪些记录集的方法可以用来浏览记录？

4. 在使用 ADO 对象时要设置哪些引用？

5. 什么时候需要设置启动窗体？

四、上机操作题

某银行通过 Visual Basic 程序维护下列数据表。

客户表

字 段 名	描 述
Custcode	客户编号
CustNm	客户姓名
CustAdd	客户地址
DepAccNo	储蓄存款账号
Branch	分行

存款表

字 段 名	描 述
CustCode	客户编号
DepositAmt	储蓄存款金额
DepositStDt	开户日期
Period	存款期
Interest	年利率

1．创建上述表，并且向客户表添加少量的数据。

2．按照下图 7.21 制作 Visual Basic 6.0 窗体，并且可以接受用户输入新的客户数据。

① 导航按钮允许用户用来在数据间导航。

② 新增按钮允许用户增加新的客户数据。

③ 客户编号的第一个字母必须为"C"，后面跟着 0 和连续的数字，编号由字母和数字共六位组成。

④ 保存按钮允许用户在表中保存数据。

图 7.21　　　　　　　　　　　　　　　　　图 7.22

3．按照图 7.22 制作 Visual Basic 窗体，该窗体允许用户输入新的定期储蓄条目。

① 用户可以用下拉表框来选择客户姓名。

② 实现在用户选择客户姓名后，客户的地址、存款账号编号和分行名称自动显示到对应位置，用户不能输入及更改内容，光标自动跳到存款额位置。

③ 实现在用户输入利息和存款期后，自动算出存款到期日期和到期额。

④保存按钮允许用户向表中保存数据。

第三篇 提 高 篇

第8章 学生信息管理系统

本章学习要点

1. 了解程序设计的一般思想。
2. 掌握程序设计的一般流程。
3. 了解算法、程序的概念，熟悉模块化的程序设计方法。
4. 能够灵活应用 Visual Basic 6.0 中的控件、菜单和对话框，使所设计的应用程序易用、易维护且方便以后扩充。

8.1 应用背景

学生信息是学校一项重要的数据资源，学籍管理也是学校一项常规性的重要工作。长期以来，学生信息管理都是依赖人工进行，不仅占用了大量的人力物力，而且由于人工管理存在大量的不可控因素，造成了学生信息管理的某些不规范，使学生信息管理陷入"事倍功半"的地步。

本章针对学生信息管理的弊端，根据学生信息管理的基本流程，阐述一个完善的学生信息管理程序实例。

根据实际要求，结合学生信息的实际管理流程，本系统需要实现以下功能：

（1）掌握全校每个学生的基本情况。包括学号、班级、姓名、系别、出生日期、性别、家庭住址、电话等。

（2）基于权限的管理。本系统可同时提供给管理员和学生使用。但是学生只能查看本人信息；管理员可以修改学生信息。

（3）提供灵活的浏览和查找功能。可以查看某个系、某个班级所有学生的学生情况，可以对学生信息进行模糊和精确查找。

（4）可以对学生信息进行变动管理，对学生信息进行添加、编辑和删除等操作。

（5）可以将学生的基本信息生成报表并打印。

8.2 系统设计

8.2.1 模块设计

根据本系统的需求，结合学生信息管理的实际情况，本系统应具有如下功能模块。

1．用户类型

本系统的用户将分两类：学生和管理员。学生用户指当前系统中的所有学生，其中用户名为学生的姓名，密码为学生的学号，该类用户只能浏览自己的信息，不具有浏览和查找其他人信息的权限，也不能管理自己和他人的信息。管理员级的用户有特定的权限浏览、查找并管理本系统所有的学生信息，而且可以使用相应的报表功能。

2．信息查看和浏览模块

对于学生用户而言，只可浏览自己的信息，而且是只读信息，学生如果对自己信息有何疑问，可以向管理员报告并修改。对于管理员而言，可以查看所有学生的信息，并有多种浏览方式：逐条记录浏览、按所在班级浏览和按所在系浏览。

3．查找模块

只对管理员开放，提供了对所有的信息进行精确或模糊查找的功能。

4．学生信息管理模块

只对管理员开放。如果学生的基本信息改变，那么管理员可以根据具体的情况，对学生信息进行管理，如添加，删除或修改等。

5．报表模块

只对管理员开放。管理员在查看学生信息的同时，可以将学生的基本信息生成报表并打印。

8.2.2 开发环境

结合所要开发的系统特点，本系统使用 Visual Basic 6.0 中文版来作为开发工具，后台数据库则采用 Access 2003。

根据"学生信息管理系统"的需求说明和模块设计，本章将侧重于讲解如何实现各个模块的基本功能，如果要应用到具体学校，还需要进一步明确各学校的具体需求，并进行修正。

8.2.3 系统整体流程

根据学生信息管理系统，结合各功能模块，设计系统的整体流程如图 8.1 所示。

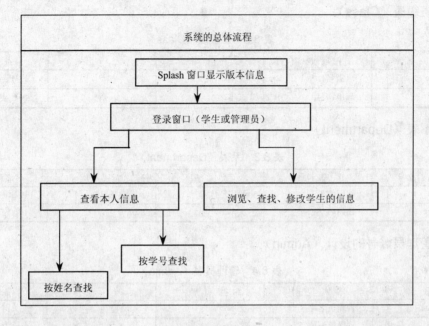

图 8.1

8.3　详细设计

8.3.1　数据库设计

本系统使用 Access 2003 作为数据库管理系统（DataBase Management System，DBMS）。

在 Access 中，新建一个数据库，命名为 Student.mdb，并放置在应用程序的目录中，以便调用。

1. 学生表的设计（Student）

本表主要对象为学生的基本信息，包括以下部分：学号（Serial）、班级（Class）、学生姓名（Name）、出生日期（Birthday）、性别（Sex）、家庭住址（Address）、电话（Tel）等。在数据库中创建一个表，表名为 "Student"，其字段结构如表 8.1 所示。

表 8.1　学生表（Student）

字 段 名	字 段 说 明	类　型	长　度	备　注
Serial	学号	文本	7	主关键字
Name	姓名	文本	10	不能为空
Class	所属班级	文本	5	不能为空
Birthday	生日	日期/时间		不能为空
Sex	性别	文本	2	默认值为"男"
Address	家庭住址	文本	30	可以为空
Tel	电话	文本	15	可以为空
Resume	简历	备注	500	可以为空

2．班级表（Class）

表 8.2　班级表（Class）

字 段 名	字 段 说 明	类　　型	宽　　度	备　　注
ClaName	班级名	文本	5	主关键字
Dept_Id	班级编号	文本	5	不能为空

3．系表（Department）

表 8.3　系表（Department）

字 段 名	字 段 说 明	类　　型	宽　　度	备　　注
Id	部门编号	数字	长整型	主关键字
DepName	部门名	文本	20	不能为空

4．管理员账号的设计（Admin）

表 8.4　管理员表（Admin）

字 段 名	字 段 说 明	类　　型	宽　　度	备　　注
AdmName	管理员名字	文本	长整型	主关键字
Pwd	管理员密码	字符	16	不能为空

5．以上各表的关系

从实际的学生信息管理系统来说，每一个学生都隶属于某一个班级，而某个班级又隶属于某一个系。根据这一情况，需要建立 Student 表、Class 表和 Department 表相应字段之间的关系，定义下列两组参照完整性：

● Class 表的 CLaName 字段与 Student 表的 Class 字段为一对多的关系；
● Department 表的 id 字段与 Class 表的 dep_id 字段为一对多的关系。

这两组参照完整性，反映在 Access 的数据库关系设计图中，如图 8.2 所示。

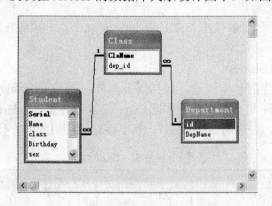

图 8.2

8.3.2　创建工程

在 Visual Basic 6.0 中创建一个工程，命名为 Student.vbp，并将创建的 Student 数据库复制到工程目录中，以便建立数据连接。

8.3.3 建立数据连接

8.3.3.1 数据环境设计器属性的设计

本系统采取 ADO 作为数据连接手段，同时采取"数据环境设计器"作为数据连接 ADO 的载体。操作步骤如下：

（1）用第 7 章所学的方法添加 ADO 控件。

（2）引用数据环境设计器。在"工程"菜单中，单击"引用"命令。在弹出的对话框中，选择"Microsoft Data Environment 1.0"项，然后单击"确定"按钮。

（3）从"工程"菜单中，选择"添加 Data Environment"命令，添加数据环境设计器。

（4）在出现的数据环境设计器窗口添加一个 Connection 对象，命名为 Con。

（5）查看 Con 属性，在"提供程序"选项卡中选择"Microsoft Jet 4.0 OLE DB Provider"项，如图 8.3 所示，并单击"下一步"按钮。

图 8.3

（6）在"数据库名称"文本框中，选择 Student.mdb 项，并选中"空白密码"和"允许保存密码"两个单选框。

（7）单击"测试连接"按钮，如果出现"测试连接成功"提示框，则表示设置成功，如图 8.4 所示；否则还需要检查数据库连接的设置。

图 8.4

💡 **注意**：如果用户在 Student 数据库中设置了密码，必须先取消"空白密码"前的单选框，并在密码文本框中输入相应的密码。

经过以上两步设置，数据环境设计器的 Con 数据连接属性设置如表 8.5 所示。

表 8.5

对　象	属　性	设　置
DEConnection	Name（名称）	Con
	ConnectionString	Provider=Microsoft.Jet.OLEDB.4.0;Password=";Data Sourse=D:\学生信息管理系统\Splash\Student.mdb;Persist
	CursorLocation	3—adUseClient

8.3.3.2　数据连接的初始化代码

在系统实际运行时，数据库所处的位置是变化的。而默认情况下，数据环境设计器连接中使用的数据库位置是固定的，所以需要在数据环境的初始化（Initialize）事件中，动态改变数据连接 Con 的连接字段（ConnectionString）

```
Private Sub DataEnvironment_Initialize()
'根据目录所在的位置，改变 ADO 所使用的连接的字符串
  Dim strConn As String
  strConn = "Provider=Microsoft.Jet.OLEDB.4.0;Password=;Data Sourse="
  strConn = strConn & App.Path & "\Stuednt.mdb" & ";Persist Security Info=True"
  Con.ConnectionString = strConn
End Sub
```

8.3.4　Splash 窗体设计

8.3.4.1　窗体界面设计

在工程中添加一类型为"展示屏幕"的窗体，如图 8.5 所示，命名为 frmSplash.frm。

该窗体上的控件及其属性设置见表 8.6。为了方便起见，该窗体中所有的标签控件可设计为控件数组。窗体的 BorderStyle 属性被设为 3-Fixed Dialog，同时将 Caption 设为空，此设置可以去掉窗体的标题栏。

图 8.5

表 8.6

对　象	属　性	设　置
窗体（Form）	Name（名称）	FrmSplash
	BorderStyle	3-Fixed Dialog
	Caption	
	KeyPreview	True
	ShowInTaskbar	False
	StartUpPosition	2-屏幕中心
框架 1（Frame1）	Name（名称）	fraEdge
	Caption	
图像框 1（image1）	Name	imgLogo
	DateFormat	图片
标签(0)（Label(0)）	Name（名称）	LblInfo
	Caption	学生信息管理系统
标签(1)（Label(1)）	Name（名称）	LblInfo
	Caption	1.0.0
标签(2)（Label(2)）	Name（名称）	LblInfo
	Caption	开发环境：Visual Basic 6.0
标签(3)（Label(3)）	Name（名称）	LblInfo
	Caption	数据环境：Access
标签(4)（Label(4)）	Name（名称）	LblInfo
	Caption	版权所有，违者必究！
标签(5)（Label(5)）	Name（名称）	LblInfo
	Caption	授权给：任何给本系统提出宝贵意见的人

8.3.4.2　窗体代码设计

frmSplash 窗体有两个作用：一是系统启动时的窗体；二是系统运行时用户单击"帮助"菜单中的"关于…"命令时运行的窗体。如果单击窗体上的任何部分，或者按下任一个键，都将先退出 frmSplash 窗体，然后再判断 frmSplash 窗体的作用。若为第一种情况，则需要显示登录窗体，否则就不需要显示登录窗体。因此考虑创建一个子过程 UnloadForm，并定义一个模块级的公共变量 mbAbout，作为区别 frmSplash 窗体两个作用的标识。

UnloadForm 子过程代码设计如下：

```
        Public mbAbout   as     Boolean
        Sub UnloadForm()
            Unload Me
            If Not mbAbout Then frmLogin.Show
            '如果当前为系统启动时所显示窗体，则加载登录窗体；mbAbout 为 True，则表示为系统启动
时的 Splash 窗体；
        End Sub
```

其余各控件的 Click 事件代码设计如下：

```
        Private Sub Form_Click()
```

```
    UnloadForm
End Sub
Private Sub fraEdge_Click()
    UnloadForm
End Sub
Private Sub imgLogo_Click()
    UnloadForm
End Sub
Private Sub lblInfo_Click(Index As Integer)
    UnloadForm
End Sub
```

在 Form 的 KeyPress 事件中，也调用了 UnloadForm 子过程。

```
Private Sub Form_KeyPress(KeyAscii As Integer)
    UnloadForm
End Sub
```

8.3.5　登录窗体设计

在登录窗体中，输入用户名、口令，并选择身份后，单击"确定"按钮就会将输入提交给系统以验证用户、密码及身份。如果用户的密码连续输错 3 次，则自动退出系统；如果用户密码正确，则将进入系统的 MDI 主窗体（MDIMain.frm）。

8.3.5.1　窗体界面设计

在工程中添加"登录对话框"窗体，如图 8.6 所示，并命名为 frmLogin.frm。

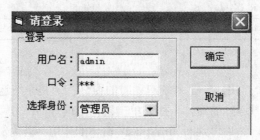

图 8.6

该窗体上的控件及属性设置如表 8.7 所示。

表 8.7

对　象	属　性	设　置
窗体（Form）	Name（名称）	frmLogin
	BorderStyle	3-Fixed Dialog
	Caption	请登录
	KeyPreview	False
	ShowInTaskbar	False
	StartUpPositon	2-屏幕中心

对　象	属　性	设　置
框架 1（Frame1）	Name（名称）	fraLogin
	Caption	登录
标签(0)（Label(0)）	Name（名称）	lalLabels
	AutoSize	True
	Caption	用户名：
文本框（Text）	Name（名称）	txtUser
	Caption	
标签(1)（Label(1)）	Name（名称）	lblLabels
	AutoSize	True
	Caption	口令：
文本框（Text）	Name（名称）	txtPwd
	Text	
标签(2)（Label(2)）	Name（名称）	lblLabels
	Caption	选择身份：
组合框 1（ComboBox）	Name（名称）	cboUserType
	List	管理员；学生
命令按钮 1（Command1）	Name（名称）	cmdOK
	Caption	确定
	Default	True
命令按钮 2（Command2）	Name（名称）	cmdCancel
	Caption	取消
	Cancel	True

8.3.5.2　窗体代码设计

1. 定义 mnUserType

在代码页的"通用"部分定义模块级变量 mnUserType，用来表示当前用户在身份下拉列表中所选的类型。如果用户改变了 cboUserType 的内容，则通过 cboUserType 的 Change 和 Click 事件，更新 mnUserType 的值。

```
Dim  mnUserType  As  Integer
'表示当前用户登录所选择的身份，即用户类型，0-表示管理员；1-表示学生
Private Sub cboUserType_Change()
    mnUserType = cboUserType.ListIndex
End Sub


Private Sub cboUserType_Click()
    mnUserType = cboUserType.ListIndex
End Sub
```

```
Private Sub Form_Load()
    cboUserType.ListIndex = 0        '设置"管理员"为默认登录的用户身份。
End Sub


Private Sub CmdCancel_Click()
    Unload Me                        '单击"取消"按钮退出整个登录窗体
End Sub
```

2. 添加数据命令 splSeek

根据用户选择的不同身份,在不同的表里查询数据。即以"管理员"身份,可以对 Admin 表中 name 和 pwd 字段进行操作;以"学生"身份,可以对 student 表中 name 和 serial 字段进行操作。具体操作如下:

(1)用户在查询时需要使用数据库的表连接,在数据环境设计器 DataEnv 的数据连接对象 Con 中单击右键,选择添加一个数据命令,命名为 sqlSeek。

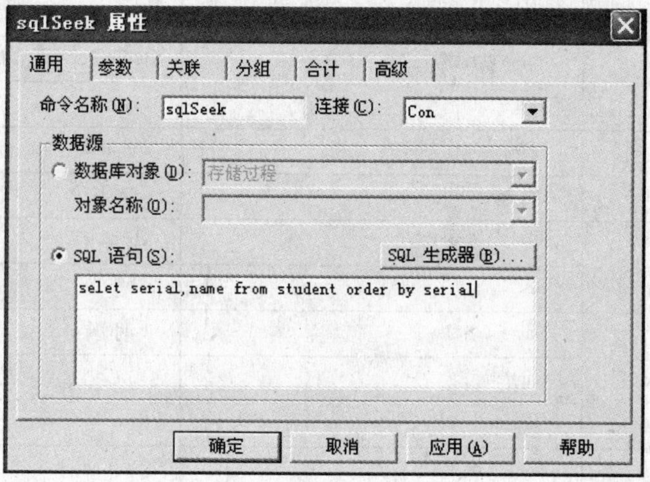

图 8.7

(2)在 sqlSeek 属性表单的通用选项卡中选择"SQL 语句"单选项,并输入"select serial, name from student order by serial",如图 8.7 所示。sqlSeek 命令的其他属性设置如表 8.8 所示。

表 8.8

对 象	属 性	设 置
DECommand	CommandName	sqlSeek
	CommandText	Select serial,name from student order by serial
	CommandType	1-adCmdText
	ConnectionName	Con
	CursorLocation	3-adUserClient
	CursorType	3-adOpenStatic

3. 校对输入的用户名和密码

用户输入了用户名和密码,并且选择了对应的身份之后,可以单击"确定"按钮来验证,即激活 cmdOK 控件的 Click 事件。cmdOK 的 Click 事件代码如下:

```
Private Sub cmdOK_Click()
  Dim user As String, pwd As String
  user = txtUser          '取得用户输入的用户名
  pwd = txtPwd            '取得用户输入的密码
  Dim r As New ADODB.Recordset
  Set r = DataEnv.rssqlSeek
  Dim strSQL As String
  Select Case mnUserType          '根据不同的身份，选择不同的表用以查询
      Case 0: '若身份为管理员
        strSQL = "select * from admin where name='" & user & "' and pwd='" & pwd & "'"
      Case 1: '若身份为学生
        strSQL = "select * from student where name='" & user & "' and serial='" & pwd & "'"
  End Select
  On Error Resume Next
  If   r.State = adStateOpen Then r.Close
  '查询 DataEnv.rssqlSeek 的状态，如果已经打开，则先关闭
  r.Open strSQL          '根据 strSQL 的内容刷新 DataEnv.rssqlSeek
  '用户密码错误的次数，如果错误次数超过 3 次，则退出系统
  Static nTryCount As Integer
  If   r.EOF Then          '登录失败
      MsgBox "对不起，无此用户或密码不正确！请重新输入！！", vbCritical, "错误"
      txtUser.SetFocus
      txtUser.SelStart = 0
      txtUser.SelLength = Len(txtUser)
      nTryCount = nTryCount + 1
      If   nTryCount >= 3 Then
          MsgBox "您无权操作本系统!再见！", vbCritical, "无权限"
          Unload Me
      End If
  Else                '登录成功
      With MDIMain
        .mnUserType = cboUserType.ListIndex
        .msUserName = pwd
        .Show
      End With
      Unload Me
  End If
End sub
```

8.3.6 MDI 窗体设计

在 frmLogin 窗体中如果登录成功，则会出现如图 8.8 所示的 MDI 主窗体。下面是 MDI 主窗体设计的详细步骤：

单击"工程"菜单→"添加 MDI 窗体"，添加一个 MDI 主窗口，并命名为"MDIMain.frm"。

图 8.8

8.3.6.1 菜单设计

单击"工具"菜单中的"菜单编辑器",MDI 主窗体的各菜单设置如表 8.9 所示。

表 8.9

菜单项类别	标　题	属　性	设　　置
主菜单	通用（&G）	名称	mnuGeneral
		显示窗口列表	选中
"通用"二级子菜单	学生信息管理	名称	mnuStudent
		快捷键	F5
	学生信息查询	名称	mnuFind
		快捷键	F6
		说明	用户为学生，mnuFind 的 Visible 为 False
	—	名称	nmuTemp
	重新登录（&L）	名称	mnuLogin
		快捷键	F2
	—	名称	mnuLine
	退出（&X）	名称	mnuExit
		快捷键	Ctrl+X
	帮助(&H)	名称	mnuHelp
"帮助"的二级菜单	关于（&A）…	名称	mnuAbout
		快捷键	F1

8.3.6.2 窗体代码设计

1. 定义模块级变量

本系统采取了分权限访问，所以必须知道当前用户登录的类型和用户名，并存储到 MDI 主窗体中，以供进一步的访问用。在代码窗口的"通用"部分，定义两个模块级的公共变量 mnUserType 和 mnUserName。

mnUserType 表示当前登录的用户类型，其中 0 代表管理员类型的用户，1 代表学生类型的用户。mnUserName 代表当前登录的用户名，对于管理员类型用户，用户名为 Admin 表中的 Name 字段；对于学生用户，用户名为 Student 表的 Serial 字段。

```
Public mnUserType As Integer
Public msUserName As String
```

2. 判断用户权限

如果学生用户登录，则只能查看自己的信息，不能使用"学生信息查询"菜单，如图 8.9（b）所示。对于管理员则没有此限制，如图 8.9（a）所示。

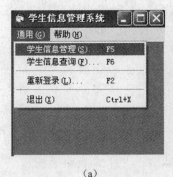 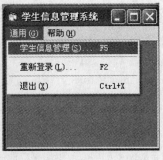

　　　　　　（a）　　　　　　　　　　　　（b）

图 8.9

```
Private Sub MDIForm_Activate()
'根据不同的用户类型，使相应的菜单项可见
    Select Case mnUserType
        Case 0:                        '以管理员身份登录
            mnuFind.Visible = True
        Case 1:                        '以学生身份登录，  只能查询自己的信息
            mnuFind.Visible = False
    End Select
End Sub
```

根据不同身份，调用不同窗体查看或管理学生信息。

```
Private Sub mnuStudent_Click()
    If  mnUserType = 0 Then '若为管理员用户，调用 frmStudent 窗体，对生信息进行管理
        frmStudent.Show
    Else                    '若为学生类用户，调用 frmLook 窗体，只显示本人的信息
        frmLook.Show
    End If
End Sub
```

3. Form 的 QueryUnload 事件

```
Private Sub MDIForm_QueryUnload(Cancel As Integer, UnloadMode As Integer)
    If  MsgBox("真的要对出本系统吗?", vbQuestion +
            vbYesNo + vbDefaultButton2, "退出") = vbNo Then
        Cancel = 1    ' 用户不要退出，将 Cancel 置为 1,取消退出过程
    End If
End Sub
```

4. "重新登录"子菜单的代码

```
Private Sub mnuLogin_Click()
    If  MsgBox("若重新登录，所有窗体都将关闭！是否重新登录?", _
        vbQuestion + vbYesNo + vbDefaultButton2, "重新登录") = vbYes Then
        Unload MDIMain
        frmLogin.Show
```

```
        End If
    End Sub
```

5. "关于…"子菜单的代码

如果用户单击了"关于…"子菜单，则将显示 frmSplash 窗体。将 mbAbout 设置为 True，以表示当前 frmSplash 窗体所起的是第二种作用。事件代码如下：

```
    Private Sub mnuAbout_Click()          '显示"关于…"窗口
        Load frmSplash
        frmSplash.mbAbout = True
        frmSplash.Show vbModal
    End Sub
```

6. 其他代码项的设计

```
    Private Sub mnuExit_Click()   '退出菜单命令
        Unload Me
    End Sub
```

当管理员单击"学生信息查询"菜单项，或者按下"F6"键，将会显示"学生信息查询"窗体，并自动弹出自定义查找框，以查找满足条件的学生信息。

```
    Private Sub mnuFind_Click()
        frmStudent.Show
        frmStudent.cmdSeek.Value = True
    End Sub
```

8.3.7 学生信息查看窗体

8.3.7.1 添加数据命令

用户在查询时需要使用数据库的表连接。在数据环境设计器 DataEnv 中单击数据连接对象 Con，单击鼠标右键并在快捷菜单中选择"添加命令"项，向 Con 数据连接对象添加一个命令，并命名为 Student。

8.3.7.2 界面设计

在工程中添加一个窗体，如图 8.10 所示，并命名为 frmLook，这里将使用 frmLook 窗体来实现学生型用户查看自己信息的功能。

图 8.10

在该窗体中，只能查看信息，而不能对信息进行修改，所以应将显示各项数据控件的父控件 fraInfo 的 Enabled 属性置为 False，从而使各个子控件不可访问，使各项数据不能被修改，具体设置如表 8.10 所示。

表 8.10

对　象	属　性	设　置
窗体（Form）	Name（名称）	frmLook
	BorderStyle	1-Fixed
	Caption	你的信息如下：
	MaxButton	False
	MDIChild	True
命令按钮 1（Command1）	Name（名称）	CmdClose
	Caption	关闭（&C）
框架 1（Frame1）	Name（名称）	FraInfo
	Caption	
	Enabled	False
文本框 1（Text1）	Name（名称）	TxtName
	DataField	Name
	DataMember	Student
	DataSource	DataEnv
文本框 2（Text2）	Name（名称）	TxtBirthday
	DataField	Birthday
	DataFormat	日期（yyyy-mm-dd）
	DataMember	Student
	DataSource	DataEnv
文本框 3（Text3）	Name（名称）	TxtAddress
	DataField	Address
	DataMember	Student
	DataSource	DataEnv
文本框 4（Text4）	Name（名称）	TxtTelephone
	DataField	Tel
	DataMember	Student
	DataSource	DataEnv
文本框 5（Text5）	Name（名称）	TxtSerial
	DataField	Serial
	DataMember	Student
	DataSource	DataEnv
文本框 6（Text6）	Name（名称）	TxtClass
	DataField	Class
	DataMember	Student
	DataSource	DataEnv
文本框 7（Text7）	Name（名称）	TxtSex
	DataField	Sex
	DataMember	Student
	DataSource	DataEnv

对　象	属　性	设　置
文本框 8（Text8）	Name（名称）	TxtResume
	DataFiele	Resume
	DataMember	Student
	DataSource	DataEnv
标签 1（0）（Label(0)）	Name（名称）	lblFieldLabel
	Caption	学号：
标签 1（1）（Label(1)）	Name（名称）	LblFieldLabel
	Caption	姓名：
标签 1（2）（Label(2)）	Name（名称）	LblFieldLabel
	Caption	班级：
标签 1（3）（Label(3)）	Name（名称）	lblFieldLabel
	Caption	性别：
标签 1（4）（Label(4)）	Name（名称）	lblFieldLabel
	Caption	出生日期：
标签 1（5）（Label(5)）	Name（名称）	lblFieldLabel
	Caption	电话：
标签 1（6）（Label(6)）	Name（名称）	lblFieldLabel
	Caption	地址：
标签 1（7）（Label(7)）	Name（名称）	lblFieldLabel
	Caption	简历：

8.3.7.3　代码实现

当窗体初始化时，需要在 DataEnv.rs Student 中使用 Find 方法找到学号为当前用户名的记录，由于窗体上的各个控件与 DataEnv.rsStudent 的各个字段已经建立了绑定关系，所以当 DataEnv.rsStudent 定位到相应的记录时，窗体上的控件将会自动显示各个字段的值。

```
Private Sub Form_Load()
    '根据当前登录的用户在 DataEnv.rsStudent 中查找到对应的记录
    DataEnv.rsStudent.Find "serial = '" & MDIMain.msUserName & "'"
End Sub


Private Sub cmdClose_Click()
    Unload Me
End Sub
```

8.3.8　学生信息管理窗体

如果以管理员身份登录本系统，则管理员具有系统中所有权限，包括对学生信息进行查询、添加、修改和删除，并可以将当前的学生信息生成报表，所以本窗体应具有下列功能。

（1）导航：为了方便浏览，给用户提供一个导航条，以网格形式显示当前满足条件的学生的学号和姓名字段，便于用户管理。

（2）浏览：提供能够在导航条中移动记录的基本按钮，通过该功能，用户可以移动导航条的当前记录。

（3）查询：提供一个能够进行精确和模糊查询的"自定义查询"，同时，考虑到大部分学生信息查询是分班级进行的，所以在系统中增加一个查看各个班级的所有学生信息的简易查询。

（4）详细信息：一旦导航条的当前记录发生改变，则要显示当前记录的学生的详细信息，并提供一系列管理按钮，以便用户对记录进行添加、修改和删除，并生成相应的报表。

这 4 个部分在窗体上被分为 4 个区：导航条、浏览框、查询框、详细信息框，如图 8.11 所示。

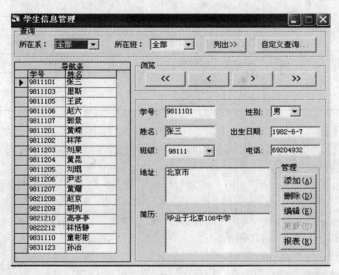

图 8.11

下面分别介绍窗体及 4 个分区的设计和实现。

8.3.8.1　窗体的设计和实现

1．窗体的属性

窗体的控件及属性的设置如表 8.11 所示。

表 8.11

对　　象	属　　性	设　　置
窗体（Form）	Name（名称）	FrmStudent
	BorderStyle	1-Fixed Single
	Caption	学生信息管理系统
	MaxButton	False
	MDIChild	True

2．添加数据命令

在 DataEnv 数据环境中给数据连接 Con 添加两个数据命令，分别命名为"Department"和"Class"，其属性设置如表 8.12 所示。Department 表和 Class 表中各个系的设置方法，可以参照系中的具体设置。

表 8.12　数据命令 Department 和 Class 的属性

对　象	属　性	设　置
DECommand（Department）	CommandName	Department
	CommandText	Department
	CommandType	2-adCmdTable
	ConnectionName	Con
	CursorLocation	3-adUserClient
	CursorType	3-adOpenStatic
DECommand（Class）	CommandName	Class
	CommandText	Class
	CommandType	2-sdCmdTable
	ConnectionName	Con
	CursorLocation	3-asUserClient
	CursorType	3-adOpenStatic

3. 主窗体的代码

```
    Dim  mbClose  As  Boolean  'mbClose 变量表示当前窗口是否可以退出
Private Sub Form_Load()
    On Error Resume Next

    Dim   rsDep   As New ADODB.Recordset, rsClass As New ADODB.Recordset
    Set   rsDep = DataEnv.rsDepartment
    Set   rsClass = DataEnv.rsClass
    '从 Department 表中读取数据，填充 cboDep 复合框到中
    rsDep.Open
    cboDep.Clear
    cboDep.AddItem "全部"
    '将各个系的 id 号作为 ItemData 附加到复合框中
    cboDep.ItemData(0) = 0
    While Not rsDep.EOF
        cboDep.AddItem rsDep("Name")
        cboDep.ItemData(cboDep.ListCount - 1) = rsDep("id")
        rsDep.MoveNext
    Wend
    cboDep.ListIndex = 0
    '从 class 表中读取数据，填充到 cboClass 复合框中
    cboClass.Clear
    cboClass.AddItem "全部"
    While Not rsClass.EOF
        cboClass.AddItem rsClass("Name")
        rsClass.MoveNext
    Wend
    cboClass.ListIndex = 0
    cmdList.Value = True
```

```
        fraManage.Enabled = True
        fraBrowse.Enabled = True
        fraSeek.Enabled = True
        grdScan.Enabled = True
        mbClose = True      '用户能够关闭窗口
        Call grdScan_Change
    End Sub
```

当管理员正在添加或修改记录，尚没有更新操作提交给数据库时，此时的记录是处于锁定状态的，如果此时用户退出整个系统，那么当前所做的变更会全部丢失。

为了保证记录正在被修改或添加时，用户不能退出当前系统，现添加一个模块级的变量 mbClose，以提示当前窗口是否可以退出。 在 Load 事件中，将 mbClose 初始化设置为 True，表示初始化时用户可以退出窗体。当用户开始添加记录或修改一条记录时，将 mbClose 设为 False，这样用户就不能中途退出系统了；当用户对记录集执行更新或取消更新操作时，再将 mbClose 设为 True，这样又可以正常退出窗体了。

以下是 mbClose 在 QueryUnload 事件中的运用。

```
    Private Sub Form_QueryUnload(Cancel As Integer, UnloadMode As Integer)
        If Not mbClose Then
            MsgBox "数据正被修改，窗口不能关闭", vbCritical, "错误"
            Cancel = True
        End If
    End Sub
```

8.3.8.2　导航条的设计和实现

本系统采用数据网格控件，在控件中显示符合条件的学生信息的学号和姓名，用户可以方便地选择所查询的学生信息。

1.　界面设计

在"工程"菜单项的"部件"子菜单中，选择"Microsoft DataGrid 6.0(OLEDB)"，将 DataGrid 控件加入到工具箱中。在窗体上添加 DataGrid 控件，其属性设置如表 8.13 所示。

表 8.13

对　　象	属　　性	设　　置
DataGrid	Name（名称）	grdScan
	AllowAddNew	False
	AllowArrows	True
	AllDelete	False
	AllUpdate	False
	Caption	导航条
	ColumnHeaders	True
	DataMember	SqlSeek
	DataSource	DataEnv
	HeadLines	1

右击 grdScan 控件，在弹出菜单中选择"检索字段"命令，出现两列，分别为 Serial 和 Name，分别绑定到 sqlSeek 的 Serial 和 Name 字段。将这两个列的名称改为学号和姓名，如表 8.14 所示。调整两列的大小，以适合整个窗体的布局。

表 8.14

对 象	属 性	设 置
Column	DataField	Serial
	Caption	学号
Column	DataField	Name
	Caption	姓名

2. 代码实现

当 grdScan 的内容发生变化，或者用户通过单击改变 grdScan 的当前行，或者通过浏览框中的记录移动按钮，来移动 grdScan 的当前行时，需要保持导航条 grdScan 中的内容与详细信息框中所显示内容的同步，这可通过自定义子过程 SeekStudent()来实现。

```vb
Private Sub grdScan_Change()
    If   grdScan.ApproxCount > 0 Then
        Call SeekStudent(grdScan.Columns(0).CellText(grdScan.Bookmark))
    'grdScan 所列的内容发生变动，且不为空时调用子过程 SeekStudent()，子过程中的参数表示当
前行的第一列的单元格的值
    End If
End Sub

Private Sub grdScan_RowColChange(LastRow As Variant, ByVal LastCol As Integer)
    "当前行改变，则动态改变所要显示的记录
    If   LastRow <> grdScan.Bookmark Then
        If  grdScan.ApproxCount > 0 Then
            Call SeekStudent(grdScan.Columns(0).CellText(grdScan.Bookmark))
    '取得当前行第一列的单元格的值
        End If
    End If
End Sub
```

SeekStudent 子过程的作用在于：在 DataEnv.rsStudent 中定位到学号为 Serial 的记录，并调用自定义的 RefreshBinding()子过程，将该记录的各个字段显示在详细列表框的各个控件内，代码如下：

```vb
'在 DataEnv.rsStudent 中查询 serial 为 sSerial 的学生信息
Sub SeekStudent(sSerial As String)    '参数 sSerial 表示所需要定位的学生的学号
    If   Not (DataEnv.rsStudent.EOF And DataEnv.rsStudent.BOF) Then
        Dim Temp As String
        Temp = "serial = " & "'" & sSerial & "'"

        DataEnv.rsStudent.MoveFirst
        DataEnv.rsStudent.Find Temp
        Call RefreshBinding          '刷新所绑定的控件
    End If
```

```
End Sub
```

　　RefreshBinding 子过程的作用在于将 DataEnv.rsStudent 的当前记录的各个字段的值显示在详细列表框的各个控件中。如果 DataEnv.rsStudent 没有合法的当前记录，则要清空详细列表框各个控件的值。代码如下：

```
'当 DataEnv.rsStudent 的当前记录发生变化时，刷新所绑定的控件(用户改变了当前记录)
Sub RefreshBinding()
    On Error Resume Next
  With DataEnv.rsStudent
    If DataEnv.rssqlSeek.BOF And DataEnv.rssqlSeek.EOF Then
        "如果不存在任何记录，则清空所有的绑定的内容
        txtSerial = ""
        txtName = ""
        txtBirthday = ""
        txtTelephone = ""
        txtAddress = ""
        txtResume = ""
    Else    "否则和相应的字段进行绑定
        txtSerial = .Fields("serial")
        txtName = .Fields("name")
        txtBirthday = .Fields("birthday")
        txtTelephone = .Fields("tel")
        txtAddress = .Fields("address")
        txtResume = .Fields("resume")
        cboSex.Text = .Fields("sex")
        dcbClass.Text = .Fields("class")
    End If
  End With
End Sub
```

8.3.8.3　浏览框的设计和实现

1．浏览框的设计

设计浏览框是为了在导航条中移动记录，其控件及属性设置见表 8.15。

表 8.15

对　　象	属　　性	设　　置
框架（Frame）	Name（名称）	fraBrowse
	Caption	浏览
命令按钮 1（Command1）	Name（名称）	CmdPrevious
	Caption	<
命令按钮 2（Command2）	Name（名称）	CmdNext
	Caption	>
命令按钮 3（Command3）	Name（名称）	CmdFirst
	Caption	<<
命令按钮 4（Command4）	Name（名称）	CmcLast
	Caption	>>

2．代码实现

在浏览窗口中，调用 DataEnv.rssqlSeek 的 MoveFirst、MovePrevious、MoveNext、MoveLast 来将记录移到第一条、上一条、下一条和最后一条，再调用子过程 ChangeBrowseState()来改变各个按钮的状态。

```vb
Private Sub cmdNext_Click()        '移动到记录的下一条
    DataEnv.rssqlSeek.MoveNext
    Call ChangeBrowseState
End Sub

Private Sub cmdPrevious_Click()    '移动到记录的上一条
    DataEnv.rssqlSeek.MovePrevious
    Call ChangeBrowseState
End Sub

Private Sub cmdFirst_Click()    '移动到记录的头部，并改变各个浏览按钮的状态
    DataEnv.rssqlSeek.MoveFirst
    DataEnv.rssqlSeek.MovePrevious
    Call ChangeBrowseState
End Sub

Private Sub cmdLast_Click()    '移动到记录的尾部，并改变各个浏览按钮的状态
    DataEnv.rssqlSeek.MoveLast
    DataEnv.rssqlSeek.MoveNext
    Call ChangeBrowseState
End Sub
```

当移动记录后，要根据记录的数目和当前记录所处的位置，即判断记录集的 BOF 和 EOF 来改变各个按钮的状态。其机制如下：

（1）如果 DataEnv.rssqlSeek 中没有记录，即 BOF 和 EOF 都为 True，此时只允许用户添加记录，但不允许用户进行删除和修改操作，也不能生成报表，此时整个浏览框是不可用的（frmBrowse.Enabled=True），不能进行记录中的移动；若存在记录，则不仅可以添加记录，而且可以对当前记录进行修改、删除，也可以生成有关当前记录的报表，此时浏览框是可用的。

（2）如果 DataEnv.rssqlSeek 中有记录，但游标处于整个记录的头部，即 BOF 为 True，EOF 为 False，那么当前记录不能再往前移动了，即要使 cmdPrevious 和 cmdFirst 按钮的 Enabled 属性为 True，并且要将记录的游标移动到第一条记录处；否则，将这两个按钮的 Enabled 属性设为 False。

（3）如果 DataEnv.rssqlSeek 中有记录，但游标处于整个记录的尾部，即 BOF 为 False，EOF 为 True，那么当前记录不能再往后移动了，即要使 cmdNext 和 cmdLast 按钮的 Enabled 属性为 True，并且要将记录的游标移动到最后一条记录处；否则，就将这两个按钮的 Enabled 属性设为 False。

```vb
'用以在浏览时，根据当前记录所处的位置不同，来改变个浏览按钮的状态
Sub ChangeBrowseState()
    With DataEnv.rssqlSeek
        If  .State = adStateClosed Then .Open
        '如果没有任何记录，使某些按钮无效；否则使这些按钮有效
```

```
        If   .BOF And .EOF Then
                cmdAdd.Enabled = True
                cmdEdit.Enabled = False
                cmdDelete.Enabled = False
                cmdUpdate.Enabled = False
                cmdReport.Enabled = False
                fraBrowse.Enabled = False
        Else
                cmdAdd.Enabled = True
                cmdEdit.Enabled = True
                cmdDelete.Enabled = True
                cmdUpdate.Enabled = False
                cmdReport.Enabled = True
                fraBrowse.Enabled = True
        End If

        '假如处于记录的头部
        If   .BOF Then
            If Not .EOF Then DataEnv.rsStudent.MoveFirst
                cmdPrevious.Enabled = False
                cmdFirst.Enabled = False
        Else
                cmdPrevious.Enabled = True
                cmdFirst.Enabled = True
        End If
        '假如处于记录的尾部
        If   .EOF Then
            If Not .BOF Then DataEnv.rsStudent.MoveLast
                cmdNext.Enabled = False
                cmdLast.Enabled = False
        Else
                cmdNext.Enabled = True
                cmdLast.Enabled = True
        End If
    End With
End Sub
```

8.3.8.4 查询框的设计和实现

整个信息系统中的学生记录个数很多，即使使用了导航条，查找起来仍会很费劲，所以要考虑有时查询某一条或某一个符合特殊条件记录的需求。

1．界面设计，查询框的属性设置（如表 8.16 所示）

表 8.16

对　象	属　性	设　置
框架 1（Frame）	Name（名称）	fraSeek
	Caption	查询

续表

对　　象	属　　性	设　　置
命令按钮 1（Command1）	Name（名称）	CmdSeek
	Caption	自定义查询…
命令按钮 2（Command2）	Name（名称）	CmdSeek
	Caption	列出>>
	ToolTipText	根据所在的班级列出学生信息
标签 1（Label1）	Name（名称）	LblDep
	AutoSize	True
	Caption	所在系：
组合框 1（ComboBox1）	Name（名称）	cboDep
	Style	2-DropdownList
标签 1（Label1）	Name（名称）	cmdClass
	Caption	所在班：
	AutoSize	True
组合框 2（ComboBox2）	Name（名称）	cboClass
	Style	2-DropdownList

2．代码设计

为了提供灵活的查询方式，本系统定义了两种查询。

（1）按照班级进行浏览

在学生信息管理中，浏览大多数是按班级进行的。由图 8.2 可知，Class 表的 Name 字段与 Student 表的 Class 字段为一对多的关系，Department 表的 id 字段与 Class 表的 dept_id 字段为一对多的关系。所以在查询中，设定两个 ComboBox，一个用以填充系的内容，另一个用以填充班级的内容。

用户单击 cboDep 组合框时，将属于该系的所有班级的名称填充到 cboClass 内容中。事件和事件代码如下：

```
Private Sub cboDep_Click()
    Dim    rsClass    As New ADODB.Recordset
    Dim strSQL
    '根据所选的系的不同，采用不同的 SQL 语句
    If    cboDep.ItemData(cboDep.ListIndex) = 0 Then
        strSQL = "select * from class"
    Else
        strSQL = "select * from class where dept_id=_
" & cboDep.ItemData(cboDep.ListIndex)
    End If

    rsClass.Open strSQL, DataEnv.Con
    '将所查到的 rsClass 中的内容来填充 cboClass
    cboClass.Clear
    cboClass.AddItem "全部"
    While Not rsClass.EOF
        cboClass.AddItem rsClass("Name")
```

```
            rsClass.MoveNext
        Wend
        cboClass.ListIndex = 0

        rsClass.Close
        Set rsClass = Nothing
    End Sub

    Private Sub cmdList_Click()
        '针对所选的班级，列出班级中所有的学生信息
        Dim strSQL
        If    cboClass.Text = "全部" Then
            strSQL = " from student order by serial"
        Else
            strSQL = " from student where class='" & cboClass & "' order by serial"
        End If

        DataEnv.rsStudent.Close
        DataEnv.rsStudent.Open "select * " & strSQL

        DataEnv.rssqlSeek.Close
        DataEnv.rssqlSeek.Open "select serial, name " & strSQL
        '刷新用户导航条，并根据记录集中记录的数目改变各个浏览按钮的状态。
        Call RefreshGrid
        Call ChangeBrowseState

        Call grdScan_Change
    End Sub
    '当改变记录集时，刷新用户导航的网格控件
    Sub RefreshGrid()
        grdScan.DataMember = ""
        grdScan.Refresh
        DataEnv.rssqlSeek.Requery
        grdScan.DataMember = "sqlSeek"
        grdScan.Refresh
        '刷新各个绑定控件
        Call grdScan_Change
    End Sub
```

（2）使用自定义查询

当按照班级浏览不能满足用户需求时，也可以单击"自定义查询"按钮进行查询。在该查询中，可以对 Student 表中的所有字段进行各种运算符的查询。

实现步骤如下：

① 载入自定义查询窗体 frmFind，但不要显示该窗体，因为需要对窗体进行初始化。

② 从 DataEnv.rsStudent（代表了数据库中的 Student 表）中取得 Student 的结构，并将各个字段的名称填充到 frmFind 的 lstFields 中。

③ 在 frmFind 窗体中，将查询所需要的字段写入到 frmFind 窗体的 msFindField 中；将

查询所需的运算符写入到 frmFind 窗体的 msFindOp 中；将查询所需字段的值写入到 frmFind 的 msFindExpr 中。

④ frmFind 窗体的 msFindField、msFindOp 和 msFindExpr 组成一个合法的表达式，并通过此表达式在 DataEnv.rssqlSeek 中搜索符合条件的记录。如果没有找到符合条件的记录，则给出提示。

⑤ 在 DataEnv.rssqlSeek 中查找记录之后，需要刷新作为导航条的网格控件的内容，刷新网格控件这一操作通过自定义的子过程 RefreshGrid 来实现。

```vb
Private Sub cmdSeek_Click()
    With frmFind
        Dim i As Integer
            Load frmFind        '显示查找窗口
            .lstFields.Clear     '填充查找窗体的字段列表框
        For   i = 0 To DataEnv.rsStudent.Fields.Count - 1
            .lstFields.AddItem (DataEnv.rsStudent(i).Name)
        Next i
        .lstFields.ListIndex = 0
        .Show 1
        If .mbFindFailed Then Exit Sub
        Dim s Temp As String
        If   LCase(.msFindOp) = "like" Then
            sTemp = .msFindField & " " & .msFindOp & " '%" & .msFindExpr & "%'"
        Else
            sTemp = .msFindField & " " & .msFindOp & " '" & .msFindExpr & "'"
        End If
        sTemp = "select * from student where " & sTemp & " order by serial"

        Unload frmFind
    End With
    DataEnv.rssqlSeek.Close '查找数据，并刷新用以导航的网格控件
    DataEnv.rssqlSeek.Open sTemp
    Call RefreshGrid
    Exit Sub
errHandler:
        MsgBox "没有符合条件的记录！", vbExclamation, "确认"
End Sub
```

8.3.8.5 详细信息框的设计和实现

详细信息框的设计是为了罗列用户的各种详细信息，并进行管理。

1. 界面设计

（1）数据显示框 fraInfo

在"工程"菜单下的"部件"子菜单中，选择"Microsoft DataList 6.0 (IKEDB)"项，这样就将 DataCombo 和 DataList 这两个控件加入到工具栏中，本部分将会使用 DataCombo 控件，在控件的下拉框中填充 Class 表的内容。DataCombo 控件是一个数据绑定组合框，它可自动地由一个数据附加数据源中的一个字段填充，并且可有选择地更新另一个数据源的一

个相关表中的一个字段。具体属性设置如表 8.17 所示。

表 8.17

对　象	属　性	设　置
框架（Frame）	Name（名称）	FraInfo
	Caption	
	Enabled	False
文本框 1（Text1）	Name（名称）	TxtName
文本框 2（Text2）	Name（名称）	TxtBirthday
文本框 3（Text3）	Name（名称）	TxtAddress
文本框 4（Text4）	Name（名称）	TxtTeldphone
文本框 5（Text5）	Name（名称）	TexSerial
DataCombo	Name（名称）	DcbClass
	ListField	Name
	RowMember	Class
	RowSource	DataEnv
组合框 1（Frame1）	Name（名称）	cboSex
	List	男；女
文本框 1（Text1）	Name（名称）	TxtResume
标签 1（0）（Label0）	Name（名称）	LblFieldLabel
	Caption	学号：
标签 1（1）（Label1）	Name（名称）	LblFieldLabel
	Caption	姓名：
标签·1（2）（Label2）	Name（名称）	LblFieldLabel
	Caption	班级：
标签 1（3）（Label3）	Name（名称）	LblFieldLabel
	Caption	性别：
标签 1（4）（Label4）	Name（名称）	LblFieldLabel
	Caption	出生日期：
标签 1（5）（Label5）	Name（名称）	LblFieleLabel
	Caption	电话：
标签 1（6）（Label6）	Name（名称）	LblFieldLabel
	Caption	地址：
标签 1（7）（Label7）	Name（名称）	LblFieldLabel
	Caption	简历：

（2）管理控制框 fraManage

在显示详细信息的同时，用户可以对当前记录进行管理，添加新记录、编辑或删除当前记录，并对当前记录生成报表。为此创建用户控制管理的框架控件 fraManage，并在上面显示一组按钮，具体属性设置如表 8.18 所示。

表 8.18

对　象	属　性	设　置
框架 1（Frame1）	Name（名称）	FraManage
	Caption	管理
命令按钮 1（Command1）	Name（名称）	CmdAdd
	Caption	添加（&A）
命令按钮 2（Command2）	Name（名称）	CmdDelete
	Caption	删除（&D）
命令按钮 3（Command3）	Name（名称）	CmdEdit
	Caption	编辑（&E）
命令按钮 4（Command4）	Name（名称）	CmdUpdate
	Caption	更新（&U）
	Enabled	False
命令按钮 5（Command5）	Name（名称）	CmdReport
	Caption	报表（&R）

2．代码设计

在系统默认情况下，班级编号将作为学号的前几位。为了体现这一关系，需要在 dcbClass 控件的 Click 事件中有如下操作：

```
Private Sub dcbClass_Click(Area As Integer)
    If   txtSerial = "" Then        '如果学号文本框为空，则将班级编号赋给文本框
        txtSerial = dcbClass.Text
    End If
End Sub

Private Sub cmdAdd_Click()    '添加记录
    DataEnv.rsStudent.AddNew
    txtBirthday.Text = "1980-01-01"
    fraInfo.Enabled = True
    fraBrowse.Enabled = False

    cmdAdd.Enabled = False
    cmdEdit.Enabled = False
    cmdDelete.Enabled = False
    cmdUpdate.Enabled = True
    cmdReport.Caption = "取消"
    cmdReport.Enabled = True
    mbClose = False              '不能关闭窗口
End Sub

Private Sub cmdEdit_Click()    '编辑记录
    fraInfo.Enabled = True
    cmdAdd.Enabled = False
```

```
                cmdEdit.Enabled = False
                cmdDelete.Enabled = False
                cmdUpdate.Enabled = True
                cmdReport.Caption = "取消"    '更改 cmdReport 标题
                cmdReport.Enabled = True
                mbClose = False              '处于编辑状态，则用户不能关闭窗口
End Sub

Private Sub cmdDelete_Click()
        On Error GoTo errHandler     '如果出错，则显示错误代码
    If   MsgBox("要删除记录?", vbYesNo + vbQuestion + vbDefaultButton2, "确认")_ =
vbYes Then
        '通过在 DataEnv.Con 中执行 SQL 命令，来删除记录
        DataEnv.Con.Execute "delete from student where serial ='" & txtSerial & "'"

        DataEnv.rsStudent.MoveNext
        If DataEnv.rsStudent.EOF Then DataEnv.rsStudent.MoveLast
        Call RefreshGrid     '刷新用户导航的网格控件
    End If
    Exit Sub
errHandler:
    MsgBox Err.Description, vbCritical, "错误"
End Sub

Private Sub cmdUpdate_Click()    '更新所添加或修改的记录
    On Error GoTo errHandler:
    Dim str As String
    str = txtSerial.Text

    With DataEnv.rsStudent
        .Fields("Serial") = txtSerial.Text
        .Fields("name") = txtName.Text
        .Fields("sex") = cboSex.Text
        .Fields("class") = dcbClass.Text
        .Fields("birthday") = txtBirthday.Text
        .Fields("tel") = txtTelephone.Text
        .Fields("address") = txtAddress.Text
        .Fields("resume") = txtResume.Text
        .Update
    End With

    cmdReport.Caption = "报表(&R)"
    cmdUpdate.Enabled = False
    fraInfo.Enabled = False
    mbClose = True
    If   DataEnv.rssqlSeek.State = adStateClosed Then DataEnv.rssqlSeek.Open
    Call RefreshGrid     '刷新右端用以导航的网格控件
```

```
                '根据记录集中记录的个数，改变各个按钮的状态
                Call ChangeBrowseState
                '定位到刚刚添加或修改过的记录
                DataEnv.rssqlSeek.MoveFirst
                DataEnv.rssqlSeek.Find "serial='" & str & "'"
                Exit Sub
        errHandler:
                MsgBox Err.Description, vbCritical, " 错误"
        End Sub


        Private Sub cmdReport_Click()
            On Error Resume Next
            If    cmdReport.Caption = "取消" Then
                DataEnv.rsStudent.CancelUpdate        '取消所使用的更新
                If DataEnv.rsStudent.BOF Then        '重新显示原来数据集中的内容
                    DataEnv.rsStudent.MoveFirst
                Else
                    DataEnv.rsStudent.MovePrevious
                    DataEnv.rsStudent.MoveNext
                End If
                Call RefreshBinding
                mbClose = True
            Else
                Dim strSQL As String        '生成报表
                DataEnv.rsrptStudent.Close
                strSQL = "select * from student where serial = '" & txtSerial.Text & "'"
                DataEnv.rsrptStudent.Open strSQL
                rptStudent.Show
            End If
        End Sub
```

8.3.9　自定义查询窗体

在 MDI 主窗体中单击"学生信息查询"命令按钮或单击"F6"键，将进入如图 8.12 所示的自定义查询窗体。

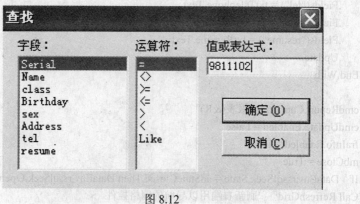

图 8.12

8.3.9.1 界面设计（如表 8.19 所示）

表 8.19

对 象	属 性	设 置
窗体（Franc）	Name（名称）	frmFind
	BorderStyle	3-Fixed Dialog
	Caption	查找
	KeyPreview	True
	MaxButton	False
	NinButton	False
	ShowInTaskbar	False
标签 1（0）（Label(0)）	Name（名称）	LblLabels
	AutoSize	True
	Caption	字段:
标签 1（1）（Label(1)）	Name（名称）	LblLabels
	Autosize	True
	Caption	运算符:
标签 1（2）（Label(2)）	Name（名称）	LblLabels
	Autosize	True
	Caption	值或表达式
列表框 1（List1）	Name（名称）	LstFields
列表框 2（List2）	Name（名称）	LstOperators
列表框 3（List3）	Name（名称）	txtExpression
命令按钮 1（Command1）	Name（名称）	CmdOK
	Caption	确定（&O）
	Default	True
	Enabled	False
命令按钮 2（Command2）	Name（名称）	CmdCancel
	Cancel	True
	Caption	取消（&C）

8.3.9.2 代码实现

1. 设置公共变量

```
Public msFindField As String            '查找的字段
Public msFindOp As String               '查找的运算符
Public msFindExpr As String             '查找的表达式的值
Public mbFindFailed As Boolean
'用户是否取消查询，如果取消查询 mbFindFailed 则为就为 True；否则为 False
```

2. "取消"按钮的 Click 事件

```
Private Sub cmdCancel_Click()
    mbFindFailed = True     '取消查询
    Me.Hide
End Sub
```

3．"确定"按钮的 Click 事件

```
Private Sub cmdOK_Click()
    mbFindFailed = False
    Screen.MousePointer = vbHourglass    '改变指针，告知读者当前处于忙的状态
    msFindField = lstFields.Text              '取得查询所需的字段、符号和值
    msFindExpr = txtExpression.Text
    msFindOp = lstOperators.Text
    Me.Hide
    Screen.MousePointer = vbDefault          '恢复指针，告知读者系统已经不忙了
End Sub
```

4．Form 的 Load 事件

```
Private Sub Form_Load()        '加载查询所需使用的运算符号
    lstOperators.AddItem "="
    lstOperators.AddItem "<>"
    lstOperators.AddItem ">="
    lstOperators.AddItem "<="
    lstOperators.AddItem ">"
    lstOperators.AddItem "<"
    lstOperators.AddItem "Like"
    lstOperators.ListIndex = 0
    mbFindFailed = True
End Sub
```

5．动态改变"确定"按钮的可用性

当 frmFind 登录时，"确定"按钮为无效，只有当 lstFields、lstOperators 和 txtExpression 中的值均不为空，"确定"按钮才会变成有效。一旦其中的某一个控件的值为空，则"确定"按钮将变成无效。

```
Private Sub txtExpression_Change()
    cmdOK.Enabled = Len(lstFields.Text) > 0 And Len(lstOperators.Text) _
0 And Len(txtExpression.Text) > 0
End Sub


Private Sub lstFields_Click()
    cmdOK.Enabled = Len(lstFields.Text) > 0 And Len(lstOperators.Text) _
0 And Len(txtExpression.Text) > 0
End Sub


Private Sub lstOperators_Click()
    cmdOK.Enabled = Len(lstFields.Text) > 0 And Len(lstOperators.Text) _
0 And Len(txtExpression.Text) > 0
End Sub
```

8.3.10　学生信息报表

在查看当前记录的详细信息时，有时需要将学生信息做成报表的形式，以便浏览或打印。在工程中添加一个数据报表设计器 DataReport，命名为"rtpStudent"。

使用 DataReport 对象，通过更改每一个 Section 对象的布局，来编程改变数据报表的外观和行为。

Microsoft 数据报表设计器（Microsoft Data Report Designer）是一个多功能的报表生成器，以创建联合分层结构报表的能力为特点，与数据源（如数据环境设计器 Data Environment Designer）一起使用，可以从几个不同的相关表创建报表。除创建可打印报表之外，也可以将报表导出到 HTML 或文本文件中。

要想使用 Data Report 根据数据库中的记录来生成报表，需要完成以下步骤。

（1）置一个数据源，例如 Microsoft 数据环境，以访问数据库。

（2）设定 DataReport 对象的 DataSource 属性为数据源。

（3）设定 DataReport 对象的 DataMember 属性为数据成员。

（4）右键单击设计器，并单击"检索结构"。

（5）向相应的节添加相应的控件。

（6）为每一个控件设定 DataMember 和 DataField 属性。

（7）运行时，使用 Show 方法显示数据报表。

8.3.10.1 添加数据连接（rtpStudent）

由于报表的设计和实现需要有一个对应的数据源，所以在 DataEnv 数据环境中添加数据连接，命名为 rptStudent。

8.3.10.2 报表界面的设计示意图

rptStudent 设计的界面如图 8.13 所示。

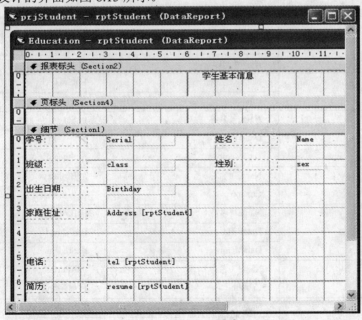

图 8.13

8.3.10.3 学生信报表的布局

具体属性设置如表 8.20 所示。

表 8.20

对　象	属　性	设　置
DataReport	Name（名称）	rptStudent
	Caption	Education-rptStudent
	DataMember	RptStudent
	DataSource	DataEnv
以下处于报表标头（Section2）		
RptLabel	Name（名称）	lblHead
	Slignment	2-rptJustifyCenter
	Caption	学生基本信息
以下处于报表标头（Section1）		
RptLabel	Name（名称）	lblSerial
	Caption	学号
RptText	Name（名称）	txtSerial
	DataField	Serial
	DataMember	rptStudent
RptLabel	Name（名称）	lblName
	Caption	姓名：
RptText	Name（名称）	txtName
	DataField	Name
	DataMember	rptStudent
RptLabel	Name（名称）	lblClass
	Caption	班级：
RptText	Name（名称）	txtClass
	DataField	Class
	DataMember	rptStudent
RptLabel	Name（名称）	LblSex
	caption	性别：
RptText	Name（名称）	txtSex
	DataField	Sex
	DataMember	rptStudent
RptLabel	Name（名称）	lblBirthday
	Caption	出生日期：
RptText	Name（名称）	txtBirthday
	DataField	Birthday
	DataMember	rptStudent
RptLabel	Name（名称）	lblAddress
	Caption	家庭住址：
RptText	Name（名称）	TxtAddress
	DataField	Address
	DataMember	rptStudent
RptLabel	Name（名称）	lblTel
	Caption	电话：

续表

对　象	属　性	设　置
RptText	Name（名称）	txtTel
	DataField	Tel
	DataMember	rptStudent
RptLabel	Name（名称）	lblResume
	Caption	简历：
RptText	Name（名称）	txtResume
	DataField	Resume
	DataMember	rptStudent

8.4　程序发布

至此，经过系统分析、设计和编码等过程，整个"学生信息管理系统"已经开发完成。

（1）选择菜单"文件"菜单下的"生成 Student.exe"子菜单，将"学生信息管理系统"制作成一个可执行文件 Student.exe。

（2）对这个可执行文件进行测试。

（3）经过测试之后，"学生信息管理系统"就可以正式发布了。可以使用 Visual Basic 6.0 创建的任何应用程序自由地发布给使用 Microsoft Windows 的任何人，也可以通过磁盘、CD、网络或 Intranet 及 Internet 等途径来发布。

在发布应用程序时，必须经过下述两个步骤。

（1）打包——具体操作，根据打包向导完成。

（2）部署——必须将打好包的应用程序放到适当的位置，以便用户可以从该位置安装应用程序。这意味着将软件包复制到软盘、光盘、磁盘上，或者部署到一个 Web 站点。

注意：在发布过程中，需要将对应的数据库文件 Student.mdb 作为文件一起包含在发行文件中，在安装时，需要将该数据库文件自动安装到可执行文件所在的目录中。

习题 8

1. 排课系统

要求：提供灵活的浏览和查询功能；

　　　可以对课程信息和教师信息进行删除和编辑；

　　　可以对课程进行变动管理。

2. 图书管理系统

要求：将系统结构分成书籍管理、读者管理、借阅管理和系统管理几部分进行设计。

反侵权盗版声明

电子工业出版社依法对本作品享有专有出版权。任何未经权利人书面许可，复制、销售或通过信息网络传播本作品的行为；歪曲、篡改、剽窃本作品的行为，均违反《中华人民共和国著作权法》，其行为人应承担相应的民事责任和行政责任，构成犯罪的，将被依法追究刑事责任。

为了维护市场秩序，保护权利人的合法权益，我社将依法查处和打击侵权盗版的单位和个人。欢迎社会各界人士积极举报侵权盗版行为，本社将奖励举报有功人员，并保证举报人的信息不被泄露。

举报电话：（010）88254396；（010）88258888
传　　真：（010）88254397
E-mail：dbqq@phei.com.cn
通信地址：北京市万寿路 173 信箱
电子工业出版社总编办公室
邮　　编：100036